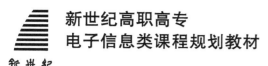

新世纪高职高专
电子信息类课程规划教材

模拟电子技术

第三版

新世纪高职高专教材编审委员会 组编
主　编　王永成
副主编　吕玉明

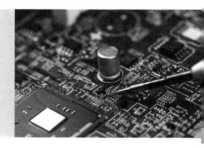

U0245150

大连理工大学出版社

图书在版编目(CIP)数据

模拟电子技术 / 王永成主编. -- 3 版. -- 大连：
大连理工大学出版社，2021.1(2025.2 重印)
新世纪高职高专电子信息类课程规划教材
ISBN 978-7-5685-2736-1

Ⅰ.①模… Ⅱ.①王… Ⅲ.①模拟电路－电子技术－
高等职业教育－教材 Ⅳ.①TN710

中国版本图书馆 CIP 数据核字(2020)第 203951 号

大连理工大学出版社出版
地址:大连市软件园路 80 号　邮政编码:116023
发行:0411-84708842　邮购:0411-84708943　传真:0411-84701466
E-mail:dutp@dutp.cn　URL:https://www.dutp.cn
大连朕鑫印刷物资有限公司印刷　　大连理工大学出版社发行

幅面尺寸:185mm×260mm　　　印张:11.5　　　字数:263 千字
2008 年 10 月第 1 版　　　　　　　　　2021 年 1 月第 3 版
2025 年 2 月第 3 次印刷

责任编辑:马　双　　　　　　　　　责任校对:李　红
　　　　　　　封面设计:张　莹

ISBN 978-7-5685-2736-1　　　　　　　定　价:32.80 元

前　　言

　　《模拟电子技术》(第三版)是新世纪高职高专教材编审委员会组编的电子信息类课程规划教材之一。

　　本教材的编写指导思想仍然是以半导体分立元件为基础,集成电路及其应用为重点。在介绍半导体二极管、三极管的基础上,着重介绍集成电路及其应用,如集成运算放大器、集成波形发生器、集成功率放大器、集成三端稳压器等。

　　本教材的编写原则是:淡化理论,够用为度;深入浅出,注重实用;加强实践应用,便于教学,有利自学。先进行电路功能与特点的仿真测试,再进行电路的理论分析,最后做相应的技能训练。通过对电路的结构、功能与特点获得感性认识,再进行理论分析,可使学生从感性认识上升到理性认识,最后通过实训来提高动手能力和巩固所学知识。力求结合图、表和波形,用通俗的语言对一些难以理解的问题进行由浅入深的分析。

　　第三版教材在保持第二版教材理论体系和特色的基础上,还广泛吸取了使用本教材的院校老师提出的许多宝贵建议。与第二版相比,主要做了以下三个方面的修改和补充:

　　1.本着"必需、够用"的原则,侧重强调元器件的外特性,突出应用,删去了关于半导体材料内部的一些纯理论内容。

　　2.补充了负反馈电路、场效应管放大电路及其实践应用等内容。

　　3.为提高学生的分析问题和解决问题的能力,加强学生对所学内容的理解,课后自我检测题和习题内容有所变动。

本教材由王永成任主编,吕玉明任副主编,朱光灿、张俊峰、阳若宁、陈清、朱明霞和张澄参与了编写。

在编写本教材的过程中,编者参考、引用和改编了国内外出版物中的相关资料以及网络资源,在此表示深深的谢意!相关著作权人看到本教材后,请与出版社联系,出版社将按照相关法律的规定支付稿酬。

由于编者水平有限,教材中难免有错误和不妥之处,为了使本教材更完善,恳请广大读者批评指正,提出宝贵意见。

编　者

2021 年 1 月

所有意见和建议请发往:dutpgz@163.com

欢迎访问职教数字化服务平台:https://www.dutp.cn/sve/

联系电话:0411-84707492　84706671

本书常用符号说明

1.元器件符号

VD	半导体二极管	VZ	稳压二极管
VT	晶体管(三极管)、场效应管、晶闸管	A	放大器
T	变压器	R_b	基极偏置电阻
RP	电位器	R_c	集电极电阻
R_L	负载电阻	R_e	发射极电阻
R_s	信号源内阻	r_o	输出交流电阻
r_i	输入交流电阻	L	电感
C	电容		

2.元器件引脚名称

本书采用小写英文字母表示各引脚名称。

b	三极管基极	c	三极管集电极
e	三极管发射极	g	场效应管栅极
d	场效应管漏极	s	场效应管源极

3.性能参数

$\bar{\beta}$	共发射极直流电流放大系数	β	共发射极交流电流放大系数
g_m	场效应管低频跨导	A_u	电压放大倍数(增益)
A_{us}	源电压放大倍数(增益)	A_i	电流放大倍数(增益)
A_{ud}	差模电压放大倍数(增益)	A_{uc}	共模电压放大倍数(增益)
K_{CMR}	共模抑制比	A	开环放大倍数(增益)
A_f	闭环放大倍数(增益)	F	反馈系数
K_r	纹波系数	S_r	稳压系数
η	效率		

4.电压与电流

(1)直流电源电压

大写的英文字母 V,下标采用大写的英文字母,并双写该字母。

V_{BB}	三极管基极直流电源电压	V_{CC}	三极管集电极直流电源电压
V_{EE}	三极管发射极直流电源电压		

（2）电压与电流

U_B、U_C、U_E	三极管基极、集电极、发射极电位
U_{BE}	三极管基-射极间的直流电压
U_{CE}	三极管集-射极间的直流电压
$U_{(BR)CEO}$	基极开路时三极管集-射极间的反向击穿电压
$U_{(BR)EBO}$	集电极开路时三极管基-射极间的反向击穿电压
U_{CES}	三极管集-射极间饱和压降
I_{CBO}	发射极开路时三极管集-基极间的反向饱和电流
I_{CEO}	基极开路时三极管集-射极间的穿透电流
I_{CM}	集电极最大允许电流
I_{BQ}、I_{CQ}、I_{EQ}	基极、集电极、发射极的静态工作电流
u_i、i_i	交流输入电压、电流
u_o、i_o	交流输出电压、电流
u_s	信号源电压
i_b、i_c、i_e	基极、集电极、发射极交流电流
i_B、i_C、i_E	基极、集电极、发射极含直流成分的瞬时电流
u_f	反馈电压
u_{id}	差模输入电压
u_{ic}	共模信号电压
$I_{D(AV)}$	二极管的正向平均电流
I_F	二极管最大整流电流
U_R	反向电压
U_{RM}	最大反向峰值电压
U_Z、I_Z	稳压管的稳定电压、稳定电流
U_i、I_o	输入、输出正弦交流电压有效值

5.功率

P_{CM}	集电极最大耗散功率
P_V	管耗
P_o	输出功率
P_{om}	最大输出功率
P_E	直流电源供给功率

6.频率

f_H	放大电路的上限（－3 dB）频率
f_L	放大电路的下限（－3 dB）频率
B_W	通频带
f_0	振荡频率、谐振频率
ω	角频率

微课列表

目 录

常用半导体器件 第1章

☞ **要求**

掌握二极管的伏安特性和三极管的放大作用,熟悉二极管和三极管的主要参数。

📖 **知识点**

● 二极管的结构及特性

● 三极管的三个工作区及其外部条件

📢 **重点和难点**

● 二极管的伏安特性

● 三极管的输入、输出特性曲线

● 三极管的放大作用

问题的提出:半导体器件因具有体积小、重量轻、使用寿命长、耗电少、工作可靠等诸多优点而得到广泛应用,成为各种电子电路的重要组成部分。半导体器件有哪些特性呢?

本章主要学习常用半导体器件。介绍半导体二极管、三极管、场效应管等半导体器件的结构、工作原理、特性曲线和主要参数等,为后续各章的学习提供必要的基础知识。

1.1 半导体二极管

1.1.1 半导体二极管的基本结构与类型

半导体二极管又称晶体二极管,它是电子电路中最常用的器件之一,也是半导体器件中最简单和最基本的器件。它是由两种掺有不同微量杂质的半导体材料构成的,这两种掺有不同微量杂质的半导体因为导电载流子不同,分别称为 P 型半导体材料和 N 型半导体材料。能够移动的带电粒子(即载流子)分成带正电的空穴和带负电的自由电子。P 型半导体材料中空穴较多,而 N 型半导体材料中自由电子较多。当 P 型和 N 型半导体材料相结合时,在相交的界面上会形成一个区域,称为 PN 结。该区域内没有载流子,又称耗尽层。

半导体二极管由一个 PN 结组成,在 P 区和 N 区两侧各接上电极引线,再用管壳封装,如图 1-1(a)所示。从 P 区接出的引线称为正极(或阳极),从 N 区接出的引线称为负极(或阴极),分别用符号"＋""－"表示。在电路中,常用普通二极管用如图 1-1(b)所示符号表示,图中三角形一侧为正极,另一侧为负极,箭头表示正向电流的流动方向。

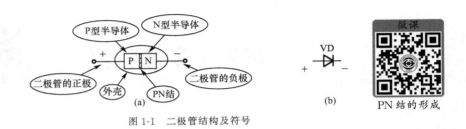

图 1-1 二极管结构及符号

半导体二极管的种类很多,按半导体材料的不同,可分为硅二极管和锗二极管等;按用途的不同,可分为整流二极管、稳压二极管、开关二极管、发光二极管、光电二极管、变容二极管等。

1.1.2 普通半导体二极管的伏安特性

普通二极管的重要特点就是单向导电性。

当对其外加正向电压(正向偏置)时(二极管的正极接外电源的正极,二极管的负极接外电源的负极),二极管就会导通,此时有电流通过二极管;反之,加反向电压(反向偏置)时则其不导通或处于截止状态,此时几乎没有电流通过二极管。如图 1-2 所示。

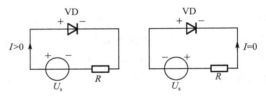

图 1-2 对二极管施加不同电压

一、二极管单向导电性的仿真

1.测量二极管正向电压的仿真电路

(1)启动 Multisim 10,按照图 1-3 所示连接电路。

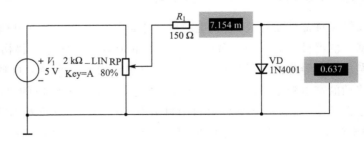

图 1-3 测量二极管正向特性

（2）给元器件标识、赋值（或选择模型），单击 Multisim 10 元件库，选择电压表和电流表，正确连接在电路中。

（3）启动仿真开关，然后敲击字母 A，可依次改变 RP 的百分比。将电表显示的读数填入表 1-1 中。

表 1-1　　　　　　　　　　　　电表显示读数

RP	10%	20%	30%	40%	50%	70%	90%
U_D/mV							
I_D/mA							
$R_D = U_D/I_D$							

2.测量二极管反向电压的仿真电路

测量二极管反向电压的仿真电路如图 1-4 所示，图中二极管处于反向偏置，改变 RP 的值可以改变加在二极管两端的电压值。

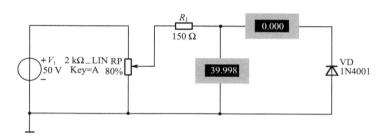

图 1-4　测量二极管反向特性

启动仿真开关，然后敲击字母 A，可依次改变 RP 的百分比。将电表显示的读数填入表 1-2 中。

表 1-2　　　　　　　　　　　　电表显示读数

RP	10%	20%	30%	40%	60%	80%	100%
U_D/mV							
I_D/mA							
$R_D = U_D/I_D$							

【想一想】通过仿真，验证了二极管的正、反特性，你得出什么结论？

二、二极管特性曲线

二极管的伏安特性是指通过二极管的电流与其两端电压之间的关系，一般常用伏安特性曲线来形象地描述二极管的这一特性。在二极管两端分别加上正、反向电压，并逐点测量流过的电流，就可以描绘出反映二极管两端电压和流过的电流之间关系的伏安特性曲线。曲线形状如图 1-5 所示。

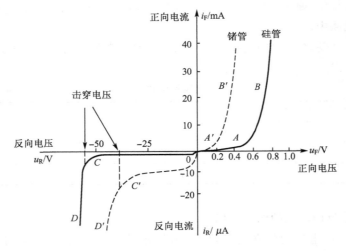

二极管的伏安
特性(正偏)

二极管的伏安
特性(反偏)

图 1-5　二极管的伏安特性曲线

分析曲线可以得出如下特点：

1.正向特性

正向特性是指二极管两端外加正向电压,即电源的正极接二极管的正极,电源的负极接二极管的负极时的特性。当正向电压较小时,正向电流极小,二极管处于不导通状态,如图 1-5 中的 $OA(OA')$ 段。通常将 A 和 A' 点所对应的正向电压分别称为硅管或锗管的死区电压。硅管的死区电压约为 0.5 V,锗管的死区电压约为 0.1 V。

当正向电压超过死区电压时,正向电流就急剧增大,二极管处于导通状态。这时硅管的正向导通压降为 0.6~0.7 V,锗管为 0.2~0.3 V。如图 1-5 中的 $AB(A'B')$ 段所示。

2.反向特性

反向特性是指二极管两端外加反向电压,即电源的正极接二极管的负极,电源的负极接二极管的正极时的特性。在反向电压作用下,形成很小的反向电流,如图 1-5 中的 $OC(OC')$ 段。在反向电压不超过某一范围时,反向电流很小,且基本不变,与反向电压的大小无关,通常称它为反向饱和电流。在室温下,锗管的反向饱和电流约为十几微安,硅管则小于 0.1 微安,二极管处于截止状态。

当外加反向电压增加到一定值时反向电流突然增大,这种现象称为二极管的反向击穿,如图 1-5 中的 $CD(C'D')$ 段所示。普通二极管不允许在击穿状态下工作。

3.温度对特性的影响

当温度升高时,特性曲线将会发生变化。在相同电压下,通过二极管的电流要随温度的升高而增大。这使正向特性曲线随温度的升高而向左移,正向电压减小;反向特性曲线随温度的升高而向下移,反向电流增大。

1.1.3　半导体二极管的主要参数

问题的提出:为了使二极管在电路中能安全可靠地工作,在选择和使用二极管时需要充分注意它的哪些参数呢？

二极管的几个常用参数：

一、最大整流电流 I_F

最大整流电流 I_F 是指二极管长时间工作时,允许通过的最大正向平均电流。使用时正向平均电流不能超过此值,否则会烧坏二极管。

二、最高反向工作电压 U_{RM}

最高反向工作电压 U_{RM} 是指二极管在使用时允许承受的最高反向电压。通常取二极管反向击穿电压的一半作为该二极管的最高反向工作电压,二极管工作时所承受的反向电压峰值不应超过这个数值。

三、反向饱和电流 I_R

反向饱和电流 I_R 是指在室温下,二极管承受反向工作电压、尚没有反向击穿时所测得的反向电流。这个值越小,表明管子的单向导电性能越好。

四、最高工作频率 f_M

最高工作频率 f_M 是指二极管正常工作时的上限频率。超过此值,二极管的单向导电性就会变差。

【想一想】在选择二极管时主要应考虑哪两个极限参数?如何用万用表检测二极管的正负极性和好坏?

1.2 特殊二极管

问题的提出:除了前面已讨论的普通二极管外,还有一些特殊用途的二极管,如稳压二极管、发光二极管、光电二极管等。特殊二极管有哪些特性呢?

1.2.1 稳压二极管

稳压二极管简称稳压管,其结构与普通二极管相同,也是利用一个 PN 结制成。在制造工艺上采取了适当的措施,使稳压管工作于反向击穿状态下。为使 PN 结的结温不超过允许值,稳压管在工作时,要采取一定的限流措施,避免出现热击穿而损坏二极管。稳压二极管的符号如图 1-6(a)所示。

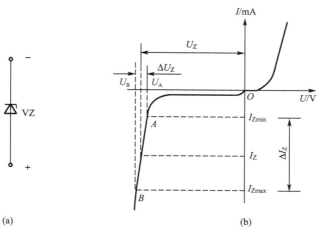

图 1-6 稳压二极管的符号及伏安特性曲线

一、稳压二极管的伏安特性

稳压二极管的伏安特性曲线如图1-6(b)所示。稳压二极管的正向特性与普通二极管相同,其主要区别是稳压二极管的反向特性曲线比普通二极管更陡。稳压二极管的反向击穿电压为稳定工作电压,用U_Z表示。

二、稳压二极管的主要参数

1.稳定工作电压U_Z

稳定工作电压是指稳压二极管在正常工作时管子两端的电压。手册中表示的稳定工作电压都是在一定条件(工作电流、温度)下的数值,对于同一型号的稳压管,其稳压值也有一定的离散性,手册中只能给出某一型号稳压管的稳压范围,例如,2CW21A稳压管的稳定工作电压为4~4.5 V。但对于其中确定的一只稳压管,稳定工作电压U_Z是确定的。

2.稳定工作电流I_Z

稳定工作电流是指稳压二极管在稳压工作状态时流过的电流。当稳压管工作电流小于最小稳定电流I_{Zmin}时,没有稳压作用;当稳压管工作电流大于最大稳定电流I_{Zmax}时,管子会由于过流而损坏。

3.最大稳定电流I_{Zmax}

最大稳定电流是指稳压二极管允许通过的最大反向电流。

4.最大耗散功率P_{Zm}

最大耗散功率是指管子不致发生热击穿而损坏的最大功率损耗,它等于最大稳定电流I_{Zmax}与稳定工作电压U_Z的乘积。

5.动态电阻r_Z

动态电阻是指稳压二极管在正常工作时,其电压的变化量与相应的电流变化量的比值。如果稳压二极管的反向伏安特性曲线越陡,则动态电阻就越小,稳压性能就越好。

1.2.2 发光二极管与光电二极管

一、发光二极管

发光二极管与普通二极管相同,也是利用一个PN结制成的。它也具有单向导电性,但在正向导通时能发光,它是直接把电能转换为光能的器件。由于构成发光二极管的材料、封装形式、外形等不同,所以它的类型很多,有单色发光二极管、红外发光二极管、激光发光二极管等。

1.单色发光二极管

当单色发光二极管加正向电压导通且电流达到一定值时即能发光。光的颜色由所采用的材料决定,有红色、绿色、黄色等,它常用于设备的电源指示灯、手机背景灯、七段数码显示器等。发光二极管的结构及电路符号如图1-7(a)所示。

发光二极管的正向工作电压为2~2.5 V,工作电流为5~20 mA。

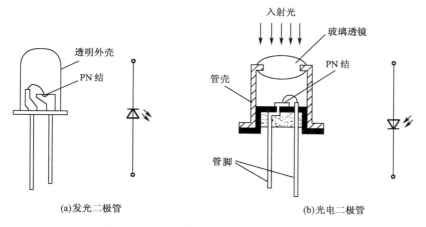

图 1-7 发光二极管与光电二极管的结构及电路符号

2.红外发光二极管

红外发光二极管是一种能把电能直接转换成红外光能的发光器件,也称为红外发射二极管。它常用于红外遥控发射器中。

3.激光发光二极管

激光发光二极管是激光头中的核心器件。它由一块 P 型和一块 N 型铝镓砷半导体组合而成,当 PN 结正向导通时,形成一定的驱动电流,从光学谐振腔中发出一定波长的激光。它常用于 CD 机、DVD 机及激光打印机等电子设备中。

二、光电二极管

光电二极管与普通二极管相似,也是利用一个 PN 结制成的,但其外形结构有所不同。普通二极管的 PN 结被封装在不透明的管壳内,以避免外部光照的影响;而光电二极管的管壳上开有一个透明的窗口,使外部光线能透过该窗口照射到 PN 结上。光电二极管的结构及电路符号如图 1-7(b)所示。

光电二极管工作于反偏状态,其反向电流随光照强度的增加而上升,以实现光电转换。光电二极管常用作传感器的光敏元件,可以将光信号转换为电信号。大面积的光电二极管可用作能源器件,即光电池。

1.3 半导体三极管

1.3.1 基本结构

半导体三极管由有两个 PN 结的三层半导体组成。按半导体的组合方式不同,可分为 NPN 型和 PNP 型两大类,其结构及电路符号如图 1-8 所示。三极管分成发射区、基区和集电区三个区。每个区都各引出一个电极,分别称为发射极(e)、基极(b)和集电极(c)。发射区和基区之间的 PN 结称为发射结,基区和集电区之间的 PN 结称为集电结。两类三极管的电路符号不同,符号中的箭头方向表示发射结正向偏置时电流的实际方向。

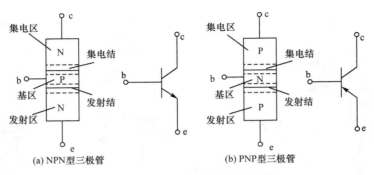

图 1-8　半导体三极管结构及电路符号

三极管的种类很多,通常按照以下类型进行分类:

(1)按结构类型分为 NPN 型和 PNP 型;

(2)按制作材料分为硅管和锗管;

(3)按工作频率分为高频管和低频管;

(4)按功率大小分为大功率管、中功率管和小功率管;

(5)按工作状态分为放大管和开关管。

常见三极管的外形结构如图 1-9 所示。

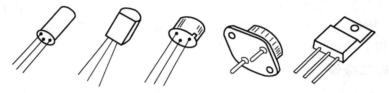

图 1-9　常见三极管的外形结构

1.3.2　电流分配及放大原理

一、测量三极管电流的仿真电路

(1)启动 Multisim 10,按照图 1-10 所示连接电路。

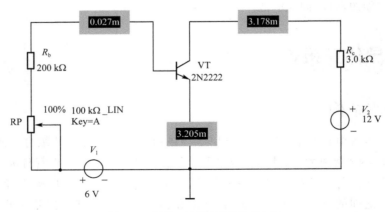

图 1-10　测量三极管电流的仿真电路

（2）给元器件标识、赋值（或选择模型），单击 Multisim 10 元件库，选择电压表和电流表，并正确连接在电路中。

（3）启动仿真开关，然后单击字母 A，可依次改变 RP 的百分比。将电表显示的读数填入表 1-3 中。

表 1-3　I_B、I_C、I_E 的测量数据

RP	5%	10%	15%	50%	70%	90%
I_B/mA						
I_C/mA						
I_E/mA						
I_C/I_B						

【想一想】通过仿真，你得出什么结论？

二、实训数据及分析

1.实训电路

三极管实现放大作用的外部条件是发射结正向偏置，集电结反向偏置。NPN 型和 PNP 型三极管的工作原理相似，不同之处仅在于使用时工作电源的极性相反。下面以 NPN 型三极管为例进行说明。

如图 1-11 所示为 NPN 型三极管电流放大实训电路。为使三极管具有电流放大作用，要始终使发射结正向偏置，集电结反向偏置。该电路有两个回路，左边为输入回路，右边为输出回路，两个回路以三极管的发射极为公共端，这种接法称为共发射极接法。

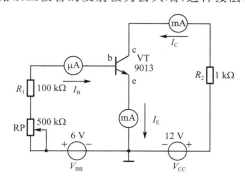

三极管内载流子
运动与电流放大
作用

图 1-11　NPN 型三极管电流放大实训电路

2.实训数据

调节实训电路中的 RP，电流表的 I_B 为表 1-4 所示数据，测得相应 I_C 和 I_E 的数据见表 1-4。

表 1-4　I_B、I_C、I_E 的测量数据

I_B/mA	0	0.01	0.02	0.03	0.04	0.05
I_C/mA	≈0.001	0.50	1.00	1.60	2.20	2.90
I_E/mA	≈0.001	0.51	1.02	1.63	2.24	2.95
I_C/I_B		50	50	≈53	55	58

3.数据分析

从表中所测得的数据可得出如下结论：

(1)实训数据的每一列都表明发射极电流等于基极电流和集电极电流之和，即

$$I_E = I_B + I_C \tag{1-1}$$

(2)I_C 比 I_B 大得多。从第二列以后的数据可以看出：I_C 比 I_B 大数十倍，这就是三极管的电流放大作用。I_C 与 I_B 的比值表示三极管的直流放大性能，用 $\bar{\beta}$ 表示，即

$$\bar{\beta} = \frac{I_C}{I_B} \tag{1-2}$$

通常将 $\bar{\beta}$ 称作共射极直流电流放大系数，从式(1-2)可得

$$I_C = \bar{\beta} I_B \tag{1-3}$$

将式(1-3)代入式(1-1)，可得

$$I_E = (1 + \bar{\beta}) I_B \tag{1-4}$$

(3)很小的 I_B 的变化可引起很大的 I_C 的变化。观察表中的第二列与第三列对应的电流变化：

$$\Delta I_B = 0.02 - 0.01 = 0.01 \,(\text{mA})$$

$$\Delta I_C = 1.00 - 0.50 = 0.50 \,(\text{mA})$$

$$\frac{\Delta I_C}{\Delta I_B} = \frac{0.50}{0.01} = 50$$

可见，集电极电流的变化要比基极电流的变化大得多。这说明三极管具有交流放大性能，ΔI_C 与 ΔI_B 的比值通常用 β 表示，即

$$\beta = \frac{\Delta I_C}{\Delta I_B} \tag{1-5}$$

将 β 称作共射极交流电流放大系数。从表 1-4 的实训数据分析可知：$\beta \approx \bar{\beta}$，为了表示上的方便，以后不加以区分，统一使用 β 表示。

从上面的分析可以得出一个重要的结论：基极电流较小的变化可以引起集电极电流较大的变化，即基极电流对集电极电流具有小电流控制大电流的作用。这就是三极管的电流放大作用。

【想一想】在三极管使用中能否将三极管的发射极与集电极对调？为什么？

1.3.3 特性曲线

问题的提出：三极管的特性曲线全面反映了三极管各极电压与电流之间的关系，是分析三极管各种电路的重要依据。如何测得三极管特性曲线呢？

三极管特性曲线测试电路如图 1-12 所示，它分为输入回路和输出回路。调节电路中的 V_{BB} 和 V_{CC}，便可测得三极管的特性曲线。

一、输入特性曲线

三极管的输入特性曲线如图 1-13 所示，是指当三极管的集电极-发射极之间电压 U_{CE} 为常数时，输入回路中基极电流 I_B 与基极-发射极电压 U_{BE} 之间的关系曲线，用函数式表示为

$$I_B = f(U_{BE})\big|_{U_{CE}=常数}$$

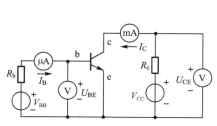

图 1-12 三极管特性曲线测试电路

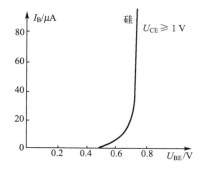

图 1-13 三极管的输入特性曲线

从图 1-13 可见三极管的输入特性曲线与二极管的正向特性曲线相似,也有一段死区,只有当 U_{BE} 电压大于死区电压时,输入回路才出现电流 I_B。常温下硅管的死区电压约为 0.5 V,锗管的死区电压约为 0.1 V。在正常导通时,硅管的 U_{BE} 为 0.6~0.7 V,锗管的 U_{BE} 为 0.2~0.3 V。

二、输出特性曲线

三极管的输出特性曲线如图 1-14 所示,是指当三极管的基极电流 I_B 为常数时,输出回路中集电极-发射极之间电压 U_{CE} 与集电极电流 I_C 之间的关系,用函数式表示为

$$I_C = f(U_{CE})\big|_{I_B=常数}$$

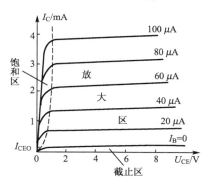

图 1-14 三极管的输出特性曲线

从图 1-14 中可以看到,给定一个基极电流 I_B,就对应一条特性曲线。当 I_B 不变时,随着 U_{CE} 从零开始增加,集电极电流 I_C 从零开始线性增加。当 U_{CE} 超过大约 1 V 以后,I_C 逐渐趋于饱和,近似为一条水平直线。当 U_{CE} 继续增大时,I_C 不再有明显的增加,此时 I_C 具有恒流特性。当 I_B 增大时,相应的 I_C 也增大,曲线上移,I_C 的增加量比 I_B 的增加量大得多,这是三极管电流放大作用的表现。在不同的 I_B 下,可得出不同的曲线,所以输出特性曲线是一组曲线。

通常把三极管的输出特性曲线分为三个工作区,即放大区、截止区、饱和区。

1.放大区

输出特性曲线的中间部分称为放大区。三极管工作于放大区时,$I_C = \beta I_B$,I_C 与 I_B 基

本上成正比关系,I_C 的大小与 U_{CE} 几乎无关。此时,三极管的发射结处于正向偏置,集电结处于反向偏置。

2.截止区

$I_B=0$ 曲线以下的区域称为截止区。三极管工作于截止区时,$I_C≈0$,三极管的集电极和发射极之间相当于一个断开的开关。对 NPN 型硅管,当 $U_{BE}<0.5$ V 时即已达到截止区,但为了可靠截止,通常使 $U_{BE}<0$ V。因此,工作于截止区的外部条件是三极管的发射结和集电结都处于反向偏置。

3.饱和区

在输出特性曲线上,靠近纵轴且 I_C 曲线趋于直线上升的部分称为饱和区。在该区域,三极管失去了放大作用,其特点是:$I_C≠\beta I_B$,I_C 与 I_B 之间不成正比关系,且 $U_{BE}>U_{CE}$。三极管工作于饱和区的外部条件是三极管的发射结和集电结都处于正向偏置。饱和时的 U_{CE} 值称为饱和压降,用 U_{CES} 来表示。一般情况下,小功率硅管的饱和压降约为 0.3 V,锗管约为 0.1 V。

【**想一想**】三极管在什么样的外部条件下可以作为放大器件使用,在什么样的外部条件下可以作为开关器件使用?

1.3.4 主要参数及温度的影响

一、主要参数

三极管的性能除了用特性曲线来表示外,还可以用一些参数来描述。三极管的参数用于表征其性能和适用范围,也是评价三极管质量及选择三极管的依据。三极管的参数可分为性能参数和极限参数两大类。

1.三极管的主要性能参数

(1)共射极电流放大系数 β

电流放大系数是三极管的重要参数,用于衡量三极管的电流放大能力。β 和 $\bar{\beta}$ 的意义在 1.3.2 节中做了介绍,这里不再重复。

在选择三极管时,如果 β 值太小,则电流放大能力差;如果 β 值太大,则工作稳定性差。低频管的 β 值一般在 20～100 之间选取。要注意的是,由于三极管制造工艺的分散性,即使同一型号的三极管,β 值也有很大的差别。

(2)集电极-基极反向饱和电流 I_{CBO}

I_{CBO} 是指发射极开路,集电极与基极之间加上一定的反向电压时的反向电流。在室温下,小功率硅管的 I_{CBO} 小于 1 μA,锗管为几微安到几十微安。I_{CBO} 受温度的影响很大,在实际应用中,选择管子的 I_{CBO} 越小越好。

(3)穿透电流 I_{CEO}

I_{CEO} 是指基极开路时,集电结反偏和发射结正偏时的集电极电流。在输出特性曲线上,它对应于 $I_B=0$ 的 I_C 的曲线。I_{CBO} 和 I_{CEO} 都是极间反向漏电流,它们之间有如下关系:

$$I_{CEO}=(1+\beta)I_{CBO}$$

所以,I_{CEO} 比 I_{CBO} 大得多,测量起来比较容易。通常把穿透电流 I_{CEO} 作为判断三极管质量的重要依据,其值越小,三极管受温度影响越小,工作越稳定。

2.三极管的主要极限参数

（1）集电极最大允许电流 I_{CM}

当集电极电流超过一定数值后,电流放大系数 β 将明显下降。一般将 β 下降到其正常值的 2/3 时所对应的集电极电流,称为集电极最大允许电流 I_{CM}。为了保证三极管正常工作,在实际应用中,流过集电极的电流不能超过 I_{CM}。

（2）集电极-发射极反向击穿电压 $U_{(BR)CEO}$

$U_{(BR)CEO}$ 是指当基极开路时,集电极与发射极之间的反向击穿电压。在使用中,要保证极间电压 $U_{CE} < U_{(BR)CEO}$,否则会导致三极管损坏。另外,随着温度的上升,击穿电压会下降,所以选择三极管时,$U_{(BR)CEO}$ 应大于实际电压 U_{CE} 两倍。

（3）集电极最大允许功率损耗 P_{CM}

P_{CM} 是指三极管正常工作时最大允许消耗的功率。三极管消耗的功率 $P_C = U_{CE} I_C$,转化的热能会使管子温度升高,当三极管消耗的功率大于 P_{CM} 时,其发热量将使管子性能变差,甚至烧坏三极管。因此实际使用时,P_C 必须小于 P_{CM} 才能保证三极管正常工作。三极管安全工作区如图 1-15 所示。

二、温度对三极管的特性及参数的影响

1.温度对 U_{BE} 的影响

当温度升高时,三极管的输入特性曲线左移,在 I_B 相同的条件下,U_{BE} 将会减小,如图 1-16 的虚线所示。

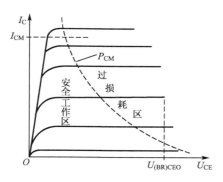

图 1-15　三极管安全工作区

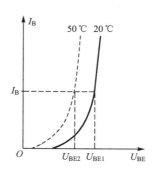

图 1-16　温度对 U_{BE} 的影响

2.温度对 I_{CEO} 的影响

当温度升高时,I_B 和 I_{CEO} 都会增大,从而使三极管的输出特性曲线上移,如图 1-17 的虚线所示。

3.温度对 β 的影响

当温度升高时,输出特性曲线的间距增大,三极管的 β 值增加,温度每升高 1 ℃,β 值就增加 0.5%～1%。

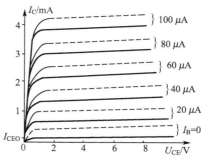

图 1-17　温度对 I_{CEO} 的影响

【**想一想**】三极管有哪三项极限参数？如何正确使用三极管？如何用万用表判断三极管的好坏？

1.4 场效应管

问题的提出:场效应管是一种利用电场效应（电压）来控制输出电流的半导体器件。它不仅具有一般半导体三极管体积小、重量轻、功耗小、寿命长等优点，而且还具有输入电阻高、噪声低、热稳定性好、制造工艺简单、易集成等优点。场效应管为什么有这些特点呢？

1.4.1 结型场效应管

场效应管按其结构的不同,可分为结型场效应管和绝缘栅场效应管两类,每一类又可分为 N 沟道和 P 沟道两类。

一、结型场效应管的结构和符号

结型场效应管是利用半导体内的电场效应工作的。在一块 N 型半导体的两侧分别扩散出两个 P 型区,形成两个 PN 结。将两个 P 型区连接后,形成一个电极 g 称为栅极,从 N 型半导体的上下两端各引出一个电极,s 称为源极,d 为漏极。两个 PN 结中间的 N 型区域称为导电沟道,它是漏、源极之间电子流通的途径,这种结构的管子被称为 N 沟道结型场效应管。和普通三极管相比,漏极相当于集电极,源极相当于发射极,栅极相当于基极。如果用 P 型半导体材料作衬底,则可构成 P 沟道结型场效应管。它们的结构和电路符号如图 1-18 所示。N 沟道和 P 沟道结型场效应管符号上的区别在于栅极的箭头方向不同,但都由 P 区指向 N 区。

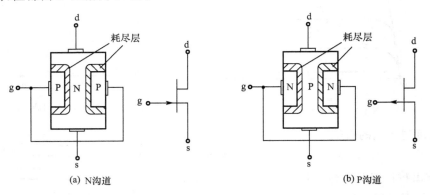

(a) N沟道   (b) P沟道

图 1-18　结型场效应管的结构和符号

如图 1-18 给出了 N 型和 P 型沟道结型场效应管的结构和符号。电路符号中栅极的箭头方向可理解为 PN 结的正向导电方向。结型场效应管常见的型号有 3DJ6、3DJ7 等。

二、结型场效应管的特性曲线

场效应管的伏安特性常用转移特性曲线和输出特性曲线表示。

1.转移特性曲线

转移特性曲线是指漏源电压 U_{DS} 一定时,栅源电压 U_{GS} 对漏极电流 I_D 的控制关系曲线,即

$$I_D = f(U_{GS})\big|_{U_{DS}=常数}$$

图 1-19(a)为 N 沟道结型场效应管的转移特性曲线。图中 $U_{GS}=0$ 时 I_D 最大,为漏极饱和电流 I_{DSS},当 $U_{GS}=U_{GS(off)}$ 时,导电沟道被夹断,$I_D=0$。从图中可以看出栅源电压 U_{GS} 对漏极电流 I_D 的控制作用。

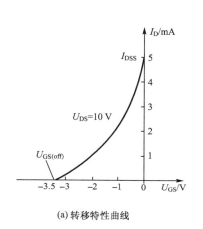

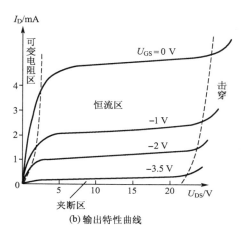

(a)转移特性曲线　　　　　　　　(b)输出特性曲线

图 1-19　N 沟道结型场效应管的特性曲线

2.输出特性曲线

输出特性曲线是指栅源电压 U_{GS} 一定时,漏极电流 I_D 与漏源电压 U_{DS} 之间的关系,即

$$I_D = f(U_{DS})\big|_{U_{GS}=常数}$$

图 1-19(b)为 N 沟道结型场效应管的输出特性曲线。图 1-19(b)中的特性曲线可分成三个工作区。

（1）可变电阻区

特性曲线上升的部分称为可变电阻区。在该区域,漏源电压 U_{DS} 较小,导电沟道畅通,此时,漏源之间可视为一个线性电阻。在栅源电压 U_{GS} 一定时,沟道电阻也一定,使 I_D 随 U_{DS} 的增加而近似于直线上升。但当栅源电压 U_{GS} 变化时,特性曲线的斜率也随之变化。从该区域的特性曲线可以看出,栅源电压 U_{GS} 越小,输出特性曲线越倾斜,漏源之间电阻越大。此时,结型场效应管可以看作一个受栅源电压 U_{GS} 控制的可变电阻,故称之为可变电阻区。

（2）恒流区

特性曲线近似于水平的部分称为恒流区。在该区域,对应同一个栅源电压 U_{GS},漏源电压 U_{DS} 增加而漏极电流 I_D 基本不变,管子的工作状态相当于一个"恒流源",故称之为恒流区。

在恒流区内,漏极电流 I_D 随栅源电压 U_{GS} 的大小而改变,反映出场效应管的电压控制电流的放大作用。因此,恒流区又可称为线性放大区。

（3）夹断区

当 $U_{GS}<U_{GS(off)}$ 时，导电沟道被耗尽层夹断，$I_D\approx 0$，输出特性曲线表现为接近横轴。因此，靠近横轴的区域称为夹断区。

三、结型场效应管的主要参数

1.夹断电压 $U_{GS(off)}$

夹断电压 $U_{GS(off)}$ 是指在 U_{DS} 为某一定值（通常取 10 V）时，使漏极电流 I_D 趋向于零（例如 50 μA）所需的 U_{GS} 值。

2.饱和漏电流 I_{DSS}

饱和漏电流 I_{DSS} 是指在 $U_{GS}=0$（短路），U_{DS} 为某一固定值（通常取 10 V）时的漏极电流。对于结型场效应管，饱和漏电流也就是管子能输出的最大电流。

3.漏源击穿电压 $U_{(BR)DS}$

漏源击穿电压 $U_{(BR)DS}$ 是指随 U_{DS} 增加使漏极电流 I_D 开始剧增时的 U_{DS}。使用时不允许 U_{DS} 超过此值，否则会烧坏管子。

4.直流输入电阻 R_{GS}

直流输入电阻 R_{GS} 表示栅源间的直流电阻。由于 U_{GS} 为反偏电压，所以该电阻值很大，一般大于 $10^7\ \Omega$。

5.低频跨导 g_m

低频跨导 g_m 是反映场效应管工作于恒流区时，栅源电压对漏极电流控制能力大小的参数。其定义是：在 U_{DS} 为定值时，漏极电流 I_D 的微小变化量与引起这个变化的栅源电压 U_{GS} 的微小变化量之比。其单位为 mA/V 或 $\mu A/V$，即 mS 或 μS。

6.最大耗散功率 P_{DM}

结型场效应管的耗散功率等于漏源电压与漏极电流的乘积。耗散功率在场效应管内转变为热能而使管子温度上升，使用时管耗不允许超过 P_{DM}，否则会烧坏管子。

【**想一想**】场效应管的三个电极分别相当于三极管的哪三个电极？

1.4.2　绝缘栅场效应管

绝缘栅场效应管也有三个电极：栅极 g、源极 s 和漏极 d，与结型场效应管不同的是，栅极与源极、漏极及沟道是绝缘的。这使得其输入电阻可高达 $10^9\ \Omega$。由于这种场效应管是由金属（Metal）、氧化物（Oxide）和半导体（Semiconductor）组成的，所以简称 MOS 管。

绝缘栅场效应管可分为 N 沟道和 P 沟道两类，每一类又可分为增强型和耗尽型两种。当 $U_{GS}=0$ 时，漏源之间存在导电沟道，即 $I_D\neq 0$，称为耗尽型场效应管；当 $I_{GS}=0$ 时，漏源之间没有导电沟道，即 $I_D=0$，称为增强型场效应管。下面以 N 沟道为例介绍这两种场效应管。

绝缘栅场效应管的符号如图 1-20 所示。图 1-20(a)所示为 N 沟道增强型 MOS 管的符号，图 1-20(b)所示为 P 沟道增强型 MOS 管的符号，图 1-20(c)所示为 N 沟道耗尽型 MOS 管的符号，P 沟道耗尽型 MOS 管的符号如图 1-20(d)所示。符号中的箭头表示从 P

区(衬底)指向 N 区(N 沟道),虚线表示增强型。

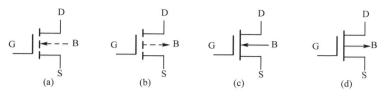

图 1-20   绝缘栅场效应管的符号

一、N 沟道增强型绝缘栅场效应管

1.结构

以 N 沟道增强型 MOS 管为例,它是以 P 型半导体作为衬底,用半导体工艺技术制作两个高浓度的 N 型区,从两个 N 型区分别引出一个金属电极,作为 MOS 管的源极 S 和漏极 D;在 P 型衬底的表面生成一层很薄的 SiO₂ 绝缘层,绝缘层上引出一个金属电极称为 MOS 管的栅极 G。B 为从衬底引出的金属电极,一般工作时衬底与源极相连。图 1-21 所示为 N 沟道增强型 MOS 管的结构。

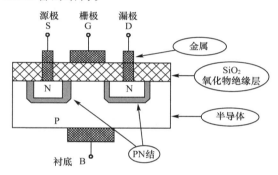

图 1-21   N 沟道增强型 MOS 管的结构

2.特性曲线

(1)N 沟道增强型 MOS 管的特性曲线测试电路如图 1-22 所示。

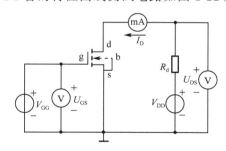

图 1-22   N 沟道增强型 MOS 管特性曲线测试电路

(2)输入特性曲线:当 $U_{GS} < U_{GS(th)}$ 时,导电沟道没有形成,$I_D = 0$;当 $U_{GS} \geqslant U_{GS(th)}$ 时,随着 U_{GS} 的增加,I_D 增大,如图 1-23(a)所示。

(3)输出特性曲线:是指栅源电压 U_{GS} 一定时,漏极电流 I_D 与漏源电压 U_{DS} 之间的关系,如图 1-23(b)所示。

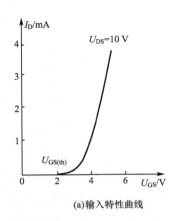

(a)输入特性曲线

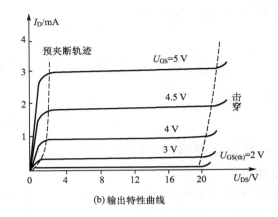

(b)输出特性曲线

图 1-23　特性曲线

3.N 沟道耗尽型绝缘栅场效应管特性曲线

N 沟道耗尽型绝缘栅场效应管的转移特性曲线如图 1-24(a)所示。其输出特性曲线如图 1-24(b)所示。这种管子的 U_{GS} 不论是正、负或零,都可以控制 I_D,这是耗尽型绝缘栅场效应管的一个重要特点。

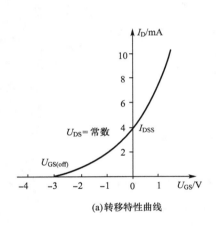

(a)转移特性曲线

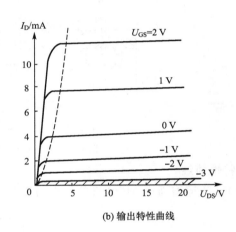

(b)输出特性曲线

图 1-24　N 沟道耗尽型绝缘栅场效应管的特性曲线

二、绝缘栅场效应管的主要参数

1.开启电压 $U_{GS(th)}$ 或夹断电压 $U_{GS(off)}$

当漏源电压 U_{DS} 为某一定值时,使增强型管子开始导通(漏极电流等于某一定值,例如 10 μA)所需加的栅源电压值,称为开启电压 $U_{GS(th)}$。

当漏源电压 U_{DS} 为某一定值时,使耗尽型管子的漏极电流等于零(或某一微小电流,例如 1 μA)所需加的栅源电压即夹断电压 $U_{GS(off)}$。

2.饱和漏极电流 I_{DSS}

当漏源电压 U_{DS} 为某一定值时,栅源电压为零时的漏极电流称为饱和漏极电流 I_{DSS}。

3.低频跨导 g_m

当漏源电压 U_{DS} 为某一定值时,漏极电流变化量与引起这个变化的栅源电压变化量之比称为低频跨导。它反映了栅源电压对漏极电流的控制能力。

4.漏源击穿电压 $U_{(BR)DS}$

随 U_{DS} 增加使漏极电流 I_D 开始剧增时的 U_{DS} 称为漏源击穿电压 $U_{(BR)DS}$。使用时不允许 U_{DS} 超过此值，否则会烧坏管子。

5.最大耗散功率 P_{DM}

使用时管耗不允许超过最大耗散功率 P_{DM}，否则会烧坏管子。

【**想一想**】使用 MOS 场效应管，有什么注意事项？为什么？

1.5 实 训

1.5.1 二极管和三极管的简易测试

一、实训目的

用万用表简易测试二极管和三极管。

二、实训器材

1.万用表。

2.二极管 2AP9、2AP10、2CZ11 和三极管 3AX31、3DG6、3DG12 若干。

三、实训步骤

1.用万用表简易测试二极管

(1)将万用表的选择开关置于电阻 $R×100$ 或 $R×1$ k 挡，将万用表调零。

(2)第一次测量：将万用表的红、黑表笔分别接二极管的两端，若测得的阻值小，再进行第二次测量：将红、黑表笔对调测试；若测得的阻值大，则表明该二极管是好的。其中，在阻值小的那次测试中，与黑表笔相连接的管脚为二极管的正极，与红表笔相连接的管脚为二极管的负极。如图 1-25 所示。

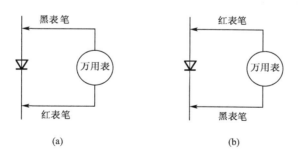

图 1-25 用万用表测量二极管

(3)若上述两次测试的阻值都很小，则表明二极管内部已短路；若上述两次测试的阻值都很大，则表明二极管内部已断路。出现短路或断路情况即表明该二极管已损坏。

(4)将测试结果填入表 1-5。

表 1-5 测试结果

二极管编号	第一次测量的阻值	第二次测量的阻值	判断管子质量
1			
2			
3			
4			
5			

2.用万用表简易测试三极管

(1)根据三极管的外形特点,初步判断其管脚。常见三极管的管脚排列如图 1-26 所示。

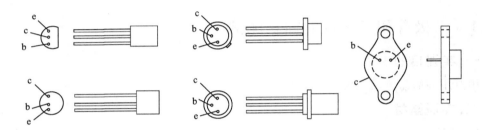

图 1-26 常见三极管的管脚排列图

(2)判断管型

将万用表的选择开关置于电阻 $R \times 1$ k 挡,将万用表调零。对于所测三极管,若用黑表笔接基极,红表笔分别接另两个电极,测到的电阻都很小,则该管为 NPN 型三极管;若用红表笔接基极,黑表笔分别接另两个电极,测到的电阻都很小,则该管为 PNP 型三极管。

(3)判断三极管质量好坏

将万用表置于电阻 $R \times 1$ k 挡,分别测量三极管的基极与集电极、基极与发射极之间的 PN 结的正、反向电阻。若测得两个 PN 结的正向电阻都很小,反向电阻都很大,则三极管一般为正常,否则已损坏。

(4)将测试结果填入表 1-6。

表 1-6 测试结果

三极管编号	测量发射结的阻值		测量集电结的阻值		粗判管子的质量	
	正向电阻	反向电阻	正向电阻	反向电阻	管型	管子质量
1						
2						
3						
4						
5						

四、思考题

1.用万用表测量某二极管的正向电阻时,用 $R \times 100$ 挡测出的电阻值小,用 $R \times 1k$ 挡测出的电阻值大,这是为什么?

2.三极管具有两个 PN 结,能否用两个二极管反向串联起来作为一个三极管使用?为什么?

3.三极管的发射区和集电区都是同类型的半导体材料,发射极和集电极可以互换吗?为什么?

4.能否用万用表测量绝缘栅场效应管各管脚以及管子的性能?

1.5.2　半波整流

一、实训目的

了解二极管的实际应用。

二、实训电路

二极管半波整流电路如图 1-27 所示。

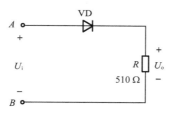

图 1-27　二极管半波整流电路

三、实训器材

1.万用表

2.二极管和电阻若干

3.函数信号发生器

4.示波器

5.直流电源

6.连接导线

四、实训步骤

1.如图 1-27 所示,连接二极管半波整流电路。

2.A、B 为信号输入端。调节函数信号发生器输出有效值为 10 V、频率为 1 kHz 的正弦信号,将正弦信号输入 A、B 输入端。

3.用示波器观察 A、B 端的输入信号及电阻 R 两端的输出信号波形。画出输入、输出信号波形。

五、思考题

分析图 1-27 所示电路中,用示波器观察 A、B 端的输入信号及电阻 R 两端的输出信号波形有何不同? 为什么?

 # 本 章 小 结

1.半导体二极管由一个 PN 结构成。

2.半导体三极管由两个 PN 结构成,分为 PNP 型和 NPN 型两大类。

3.半导体三极管的输出特性曲线可分为三个工作区:放大区、饱和区、截止区。三极管工作于放大区的外部条件是:发射结正向偏置、集电结反向偏置;工作于饱和区的外部条件是:发射结和集电结都正向偏置;工作于截止区的外部条件是:发射结和集电结都反向偏置。

4.三极管工作于放大区时具有放大作用;工作于饱和区和截止区时具有开关作用。

5.场效应管是利用栅源电压来控制漏极电流的一种电压控制器件。其转移特性是栅源电压与漏极电流之间的变化关系,反映栅源电压对漏极电流的控制能力。输出特性表示以栅源电压为参变量时的漏极电流与漏源电压之间的变化关系。

自 我 检 测 题

一、填空题

1.二极管按半导体材料的不同可分为两类:( )二极管和( )二极管。

2.二极管的两端加正向电压时,有一段"死区电压",锗管约为( ),硅管约为( )。

3.二极管的单向导电性是指:二极管两端加正向电压时,二极管( );加反向电压时,二极管( )。

4.当环境温度上升时,三极管的穿透电流 I_{CEO} 会变( ),电流放大系数 β 会变( ),U_{BE} 会变( )。

5.当三极管的发射结( )偏置,集电结( )偏置时三极管具有电流放大作用。

6.当三极管工作于截止区时,它的发射结( )偏置,集电结( )偏置;此时,集电极电流约为( )。

7.已知某三极管处在饱和状态,测得编号为 1、2、3 的三个电极的电位分别为 5.3 V、5.6 V、6 V,则可判断该三极管的三个电极:1 号是( )极;2 号是( )极;3 号是( )极。

8.在一块放大板内测得某只三极管的三个电极的直流电位分别是:1 号电极为 -6.2 V,2 号电极为 -6 V,3 号电极为 -9 V,则可判断 1 号为( )极,2 号为( )极,3 号为( )极,该三极管为( )型管,由( )半导体材料制成。

9.硅稳压二极管主要工作在( )区,并应采取一定的( )措施。

10.发光二极管加( )偏置电压,且电流达到一定值时即能发光。

11.光电二极管工作于( )偏置状态。

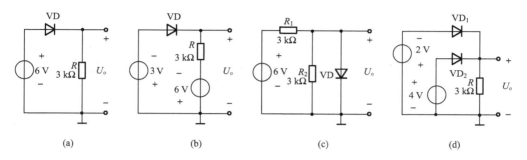

二、问答题

1.电路如图 1-28 所示,判断二极管是否导通? 忽略二极管正向导通电压,问输出电压 U_o 为多少?

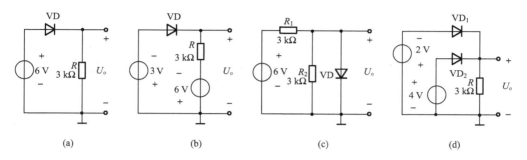

图 1-28 问答题 1 图

2.场效应管与普通三极管比较,在对输出电流的控制机理上有什么不同?

3.结型场效应管的 U_{GS} 为什么必须是反偏电压?

4.有一场效应管的输出特性曲线如图 1-29 所示,试问:

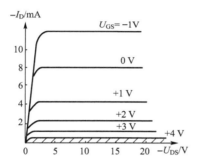

图 1-29 问答题 4 图

(1)它是哪种类型的场效应管?

(2)它的夹断电压 $U_{GS(off)}$ 或开启电压 $U_{GS(th)}$ 为多少?

(3)它的 I_{DSS} 为多大?

5.若稳压二极管 VZ_1 和 VZ_2 的稳定电压分别为 6 V 和 10 V,忽略二极管正向导通电压,问图 1-30 中各电路的输出电压 U_o 为多少?

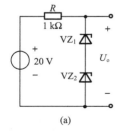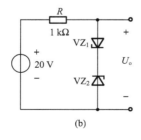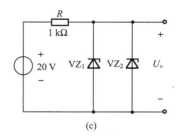

图 1-30 问答题 5 图

基本放大电路

第2章

☞ **要求**

了解放大电路的组成和主要技术指标;掌握放大电路直流通路和交流通路;会利用图解法和微变等效电路法对放大电路进行静态和动态分析。

📖 **知识点**

● 共发射极固定偏置放大电路、分压偏置放大电路及共集电极放大电路
● 静态分析、动态分析
● Multisim 三极管放大电路的仿真

📣 **重点和难点**

● 分压偏置放大电路的静态分析、动态分析

2.1 放大电路的基本知识

问题的提出:在生产实践、科学研究中经常需要对微弱的信号放大后进行观察、测量和利用。放大微弱信号的任务由放大电路来完成。以三极管为放大核心,外接电源、电阻等元件即可构成放大电路。我们知道三极管可以通过控制基极电流来控制集电极的电流,从而达到放大的目的。如何利用三极管的这种特性来组成放大电路呢?

所谓基本放大电路,是指由一个放大器件所构成的简单放大电路。尽管只有一个晶体管,也可以有多种形式的接法。本章主要以共射极基本放大电路为例,利用图解法和微变等效电路法,对基本放大电路进行静态和动态分析。同时还介绍了共集电极基本放大电路的特点。

在基本放大电路的基础上,介绍反馈放大电路的组成及其性能指标。

2.1.1 放大电路的基本概念

一、放大的概念

放大电路又称为放大器,这里所说的"放大"是指将微弱的电信号加到放大器的输入端,通过放大器的电流(或电压)的控制作用,在输出端得到幅值比输入端增大很多倍的输出信号。

如图 2-1 所示为扩音机中放大电路的组成示意图。图中 u_s 为待放大的输入信号，R_s 为其内阻。经放大电路放大后的输出信号 u_o、i_o 送给负载扬声器。在此放大电路中，输入信号源（话筒）送来的微弱音频信号经过放大后，推动扬声器音圈振动，发出悦耳的声音。

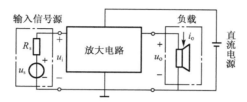

图 2-1　扩音机中放大电路的组成示意图

1.输入信号源是放大器所要放大的信号的提供者。它可以是传感器，也可以是前一级等效电路。在分析放大器时，通常将它们等效为交流电压源或电流源，如图 2-2 所示。

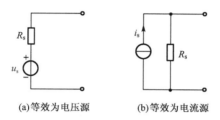

(a)等效为电压源　　(b)等效为电流源

图 2-2　信号源等效电路

2.负载是放大电路的输出信号所要传送的某个装置，可以是放大器下一级电路，也可以是所要驱动的某个装置（如扬声器等）。在分析放大器时，通常将它们等效为一个电阻 R_L。

3.直流电源为放大电路提供正常工作时所需的电流或电压，也是放大电路的能源。直流电源所提供的能量，大部分转移为交流输出信号，还有一小部分能量消耗在放大电路的耗能元器件上。图 2-1 中的放大电路本身是以半导体三极管或场效应管为核心所组成的电路，具有能量控制作用。

应当注意，不管是哪一种放大电路，欲使其具有放大作用，都需要满足一定的条件，具体见本章分析。

【想一想】都有哪些地方需要放大电路？

2.1.2　放大电路的主要技术指标

问题的提出：一个放大电路性能的优劣是用它的技术指标来衡量的。一个放大电路有哪些技术指标呢？

放大电路的等效电路如图 2-3 所示。图中 u_s 为正弦波信号源，R_s 为信号源的内阻；U_i 为输入电压，I_i 为输入电流；输出电压为 U_o，输出电流为 I_o，R_L 为负载电阻。下面介绍放大电路的主要技术指标。

基本放大电路
工作原理

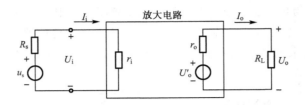

图 2-3　放大电路等效电路图

一、放大倍数

放大倍数是衡量放大电路放大能力的重要指标,其值为输出量 X_o(U_o 或 I_o)与输入量 X_i(U_i 或 I_i)之比。根据不同的输入、输出量,又可以将放大倍数分为电压放大倍数、电流放大倍数和功率放大倍数。

1.电压放大倍数 A_u 定义为输出电压 U_o 与输入电压 U_i 之比,即

$$A_u = \frac{U_o}{U_i} \tag{2-1}$$

2.电流放大倍数 A_i 定义为输出电流 I_o 与输入电流 I_i 之比,即

$$A_i = \frac{I_o}{I_i} \tag{2-2}$$

3.功率放大倍数 A_p 定义为输出功率 P_o 与输入功率 P_i 之比,即

$$A_p = \frac{P_o}{P_i} \tag{2-3}$$

本章重点研究输入信号电压放大倍数 A_u。应当指出,在实测放大倍数时,应在输入端加入正弦信号并以示波器观察输出波形,只有在信号不失真的情况下,测量数据才有意义。

二、输入电阻

如图 2-3 所示,放大电路与信号源相连接后,放大电路就成为信号源的负载,输入电阻用来描述放大电路对信号源电压的衰减程度。它定义为输入电压有效值 U_i 和输入电流有效值 I_i 之比,即

$$r_i = \frac{U_i}{I_i} \tag{2-4}$$

如图 2-3 所示,r_i 就是从放大电路输入端看进去的等效电阻。r_i 越大,表明放大电路从信号源索取的电流越小,放大电路所得到的输入电压 U_i 越接近信号源电压 u_s,即 $U_i = \frac{r_i}{R_s + r_i} u_s$。因此,若要从信号源获得更大的输入电压,则放大电路的 r_i 应增大;若要从信号源获得更大的输入电流,则放大电路的 r_i 应减小。

三、输出电阻

放大电路将信号放大后输出给负载,对负载 R_L 而言,放大电路可以等效为一个有内阻的电压源,其中信号源的内阻称为放大电路的内阻 r_o,即输出电阻。它相当于从放大电路输出端看进去的交流等效电阻,如图 2-3 中的 r_o。输出电阻定义式为

$$r_{\circ} = -\frac{U_{t}}{I_{\circ}} \qquad (2-5)$$

其中 U_t 为 $U_i = 0$ 时，输出端的外加电压源电压。

$r_{\circ}$ 的测量方法与求电池内阻的方法相同，空载时测得输出电压为 $U_{\circ}'$，接入负载时的输出电压为 $U_{\circ}$，则有

$$U_{\circ} = \frac{R_L}{r_{\circ} + R_L} U_{\circ}' \qquad (2-6)$$

由上式可求得：

$$r_{\circ} = \left(\frac{U_{\circ}'}{U_{\circ}} - 1 \right) R_L \qquad (2-7)$$

放大器的输出电阻越小越好，就像希望电池的内阻越小越好一样，这样可以增加输出电压的稳定性，也可以提高电路带负载的能力。

四、非线性失真

由于放大电路的非线性，会造成输出波形失去输入波形的形状，称这种失真为非线性失真。

五、通频带与频率失真

通频带用于衡量放大电路对不同频率信号的放大能力。由于放大电路中的电容、电感等电抗元器件对于不同频率的交流信号的阻碍作用大小不等，会使放大电路对不同频率的交流信号的放大倍数不同。通常放大电路性能指标中的放大倍数是指中频放大倍数，在输入信号频率较高或较低时，放大倍数会下降并产生相移，如图 2-4 所示。

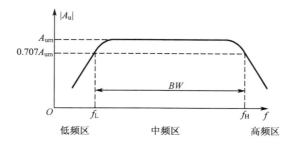

图 2-4 幅频特性曲线

如图 2-4 所示为某放大电路放大倍数的数值与信号频率的关系曲线，该曲线称为幅频特性曲线。设放大电路的放大倍数为 A_{um}，当放大倍数下降为 $0.707A_{um}$ 时，所对应的频率分别称为上限频率 f_H 和下限频率 f_L。上、下限频率之间的范围，称为放大器的通频带。为了不失真地放大信号，要求放大电路的通频带应大于信号的频带。如果放大电路的通频带小于信号的频带，信号低频段或高频段的放大倍数下降的太多，会造成放大后的信号不能重现原来的形状，输出信号产生失真，这种失真称为放大器的频率失真。

【想一想】在接听电话时，为什么有时不能辨出熟悉者的声音？

2.2 共发射极基本放大电路

问题的提出:共发射极(简称共射极)基本放大电路由哪些元件构成? 它们如何连接? 用什么方法来分析它们的性能指标?

2.2.1 共发射极基本放大电路组成及各元件名称及其作用

如图 2-5 所示是共发射极基本放大电路,输入端 u_i 接信号源 u_s, R_s 为其内阻, u_o 为输出电压。三极管 VT 是放大器中的放大元件,其放大作用是利用基极电流对集电极电流的控制作用来实现的。

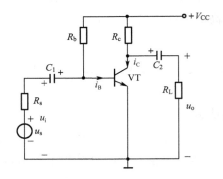

图 2-5 共发射极基本放大电路

偏置电阻 R_b 的作用:一是给发射结提供正偏电压通路,二是决定电路中在没有信号输入情况下的基极电流 I_{BQ} 的大小。

集电极电阻 R_c 有两个作用:一是给集电结提供反偏电压通路;二是将集电极电流的变化转换为电压的变化,以实现电压放大功能。

耦合电容 C_1 和 C_2 的作用是"隔直流,通交流",即电容 C_1 用来隔断放大电路与信号源之间的直流通路,电容 C_2 用来隔断放大电路与负载之间的直流通路,使三者之间无直流联系,互不影响。C_1 和 C_2 同时又起交流耦合作用,保证交流信号经过放大电路传递给负载。通常要求耦合电容的容量足够大,其容抗可以忽略不计,即对交流信号可视为短路。

负载电阻 R_L 和直流电源 V_{CC} 的作用见前面放大电路的组成所述。

在电路图中,符号"⊥"表示该电路的参考零电位,也叫接地端(虽然该点并不一定真的与大地相接)。它是电路中各点电位的公共端点。这样,在测量时得到的各点的电位,就是各点对该点的电压。

在放大电路中,有直流电源 V_{CC},又有输入的交流信号源作用,所以在放大电路中交、直流共存,即在电路中既有直流电压或电流信号,也有交流电压或电流信号。

对电路中使用的电压和电流符号做出如下规定:总量和直流分量用大写字母表示,交流分量及瞬时值用小写字母表示。比如 I_B 表示基极直流电流,i_b 表示基极交流电流瞬时值,$i_B = I_B + i_b$ 表示的是基极总电流的瞬时值。

由于电容、电感等电抗元件的存在,使直流量与交流量所流经的通路不同,所以,引出直流通路和交流通路的概念,为放大电路的静态分析和动态分析提供了方便。

常用的对放大电路的分析方法有估算法、图解法和微变等效电路法。下面以图 2-5 所示的共发射极基本放大电路为例进行说明。

【想一想】放大电路中各元件的作用是什么? $u_{CE}=U_{CE}+u_{ce}$ 是什么意思?

2.2.2 直流通路和静态分析

问题的提出:放大电路中交、直流共存,如何分析直流量在放大电路中所起的作用呢?

输入端交流信号为零时,放大电路的工作状态称为静态。放大电路的静态值,如: I_{BQ}、U_{BEQ}、U_{CEQ}(在下标中加 Q,表示强调的是静态值,当熟悉静态分析后,可以省略。),称为放大电路的静态工作点。静态分析主要是确定静态工作点,且看其是否合适。设置合适的静态工作点是放大电路正常工作的前提条件。

共发射极基本放大电路的仿真

1.测量静态工作点的仿真电路

(1)启动 Multisim 10,按照图 2-6 所示连接电路。

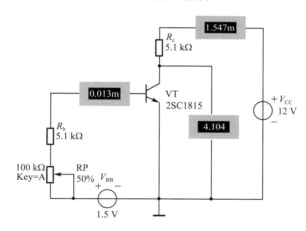

图 2-6 共发射极基本放大电路的仿真

(2)给元器件标识、赋值(或选择模型),单击 Multisim 10 元件库,选择电压表和电流表,并正确连接在电路中。

测量静态工作点的仿真电路如图 2-6 所示,图中 RP 为可调电阻,按动 A 键可以将 RP 的阻值变大,从而将基极电位降低;如果同时按 Shift 键和 A 键,可以将 RP 的阻值变小,从而将基极电位提高,达到调整三极管静态工作点的目的。

(3)加入示波器,观察示波器显示的输入和输出波形,了解共发射极的放大作用。

(4)进行静态工作点的测量,分析其静态工作点。将数据填入表 2-1。

表 2-1				静态工作点分析					
RP	100 kΩ	90 kΩ	80 kΩ	70 kΩ	60 kΩ	50 kΩ	40 kΩ	30 kΩ	20 kΩ	10 kΩ
I_{BQ}										
I_{CQ}										
U_{CEQ}										

（5）当改变基极电阻 RP 和电源电压 V_{CC} 时，观察静态工作点将如何随着 RP 和 V_{CC} 的变化而变化。找出与静态工作点有关的参数。将数据填入表 2-2，表 2-3 中。

表 2-2				与静态工作点有关的参数分析一					
$V_{CC}=15\ V$　其他电路参数不变										
RP	100 kΩ	90 kΩ	80 kΩ	70 kΩ	60 kΩ	50 kΩ	40 kΩ	30 kΩ	20 kΩ	10 kΩ
I_{BQ}										
I_{CQ}										
U_{CEQ}										

表 2-3				与静态工作点有关的参数分析二					
$V_{CC}=8\ V$　其他电路参数不变										
RP	100 kΩ	90 kΩ	80 kΩ	70 kΩ	60 kΩ	50 kΩ	40 kΩ	30 kΩ	20 kΩ	10 kΩ
I_{BQ}										
I_{CQ}										
U_{CEQ}										

2.图解分析法

进行静态分析，首先应知道放大电路的直流通路。直流通路是指放大电路中直流成分通过的电流通路，画直流通路的方法是把电路中的电容看成开路，把电感看成短路。根据这个原则，可以画出如图 2-5 所示共发射极基本放大电路的直流通路，如图 2-7 所示。

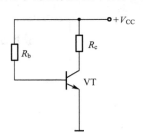

图 2-7　共发射极基本放大电路的直流通路

问题的提出：如何利用三极管的输入、输出特性曲线和上述的回路方程，用作图的方法来求放大电路的静态电压、电流呢？采用图解法的优点是形象直观，物理意义清楚。

为了便于观察，将如图 2-7 所示共发射级放大电路直流通路变换成如图 2-8 所示形式。

可得输入回路的回路方程为

$$u_{BE}=V_{BB}-i_B R_b \qquad (2-8)$$

上述所描述的直线称为输入回路的负载线。只有一个放大元件的简单电路中却用了两路直流电源 V_{CC} 和 V_{BB}，即不方便也不经济。根据组成放大电路的原则，对原电路进行简化。省去基极直流电源 V_{BB}，将 R_b 改接到 V_{CC} 的正端。

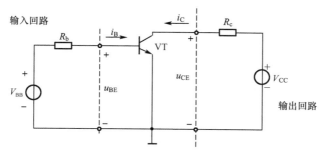

图 2-8 共发射极基本放大电路

在晶体管的输入特性曲线坐标系中画出负载线,即令 $i_B=0$ 得与横坐标的交点为 $u_{BE}=V_{CC}$;令 $u_{BE}=0$ 得与纵坐标的交点 $i_B=V_{CC}/R_b$。输入回路的负载线与输入特性曲线的交点,就是静态工作点 Q,如图 2-9(a)所示。读出其坐标值,就是静态工作点中的 I_{BQ} 和 U_{BEQ}。

同理,从图 2-8 所示电路的输出回路可得回路方程为

$$u_{CE}=V_{CC}-i_C R_c \tag{2-9}$$

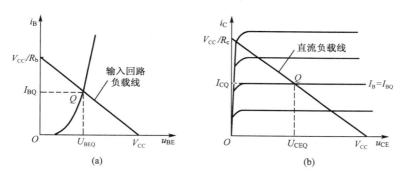

(a)   (b)

图 2-9 利用图解法求静态工作点

在晶体管的输出特性曲线坐标系中画出式(2-9)所描述的直线,即令 $i_C=0$ 得横坐标的交点为 $u_{CE}=V_{CC}$;令 $u_{CE}=0$ 得与纵坐标的交点 $i_C=V_{CC}/R_c$,称这条直线为直流负载线。直流负载线与 $I_B=I_{BQ}$ 那条输出特性曲线的交点,就是静态工作点 Q,如图 2-9(b)所示。读出其坐标值,就是静态工作点中的 I_{CQ} 和 U_{CEQ}。

要使放大电路正常工作,静态工作点要置于三极管的放大区,一般置于负载线的中点。若静态工作点不合适,可调整 R_b。增大 R_b 后,I_{BQ} 减小,I_{CQ} 也相应地减小,静态工作点 Q 下移;相反,减小 R_b 后,I_{BQ} 增大,I_{CQ} 也相应地增大,静态工作点 Q 上移。

3.估算法

在工程上对静态工作点的分析常常采用估算法。根据基尔霍夫电压定律,可将如图 2-7 所示直流通路分成基极回路和集电极回路,并列出回路方程,可得出下面几个公式。

$$I_{BQ}=\frac{V_{CC}-U_{BEQ}}{R_b} \tag{2-10}$$

$$I_{CQ}=\beta I_{BQ} \tag{2-11}$$

$$U_{CEQ}=V_{CC}-R_c I_{CQ} \tag{2-12}$$

式中:对于硅管 U_{BEQ} 取 0.7 V,对于锗管 U_{BEQ} 取 0.3 V,一般情况下,$V_{CC} \gg U_{BEQ}$,故近似有:

$$I_{BQ} \approx \frac{V_{CC}}{R_b} \tag{2-13}$$

需要强调的是式(2-11)只有在三极管处于放大区时才成立。所以在计算过程中,出现不合理的数据时,如 $u_{CE} < 0.7$ V(硅管)或为负值时,需分析三极管是否工作在放大区。

【例题 2-1】 已知在图 2-5 中,电源电压 $V_{CC} = 12$ V,集电极电阻 $R_c = 3$ kΩ,基极偏置电阻 $R_b = 300$ kΩ,三极管为 3DG6,$\beta = 50$。求:

(1)放大器的静态工作点。

(2)若偏置电阻 $R_b = 30$ kΩ,再计算放大器的静态工作点,并说明此时三极管处于何种状态。

解 (1)画出如图 2-5 所示的直流通路,如图 2-7 所示。

利用式(2-10)求得 I_{BQ} 为:

$$I_{BQ} = \frac{V_{CC} - U_{BEQ}}{R_b} = \frac{12 - 0.7}{300} \approx \frac{12}{300} = 0.04 \text{ (mA)}$$

利用式(2-11)求得 I_{CQ} 为:$I_{CQ} = \beta I_{BQ} = 50 \times 0.04 = 2$ (mA)

利用式(2-12)求得 U_{CEQ} 为:$U_{CEQ} = V_{CC} - R_c I_{CQ} = 12 - 3 \times 10^3 \times 2 \times 10^{-3} = 6$ (V)

(2)当 $R_b = 30$ kΩ 时

$$I_{BQ} = \frac{V_{CC} - U_{BEQ}}{R_b} = \frac{12 - 0.7}{30} \approx \frac{12}{30} = 0.4 \text{ (mA)}$$

假设三极管仍工作于放大区,则

$$I_{CQ} = \beta I_{BQ} = 50 \times 0.4 = 20 \text{ (mA)}$$

$$U_{CEQ} = V_{CC} - R_c I_{CQ} = 12 - 3 \times 10^3 \times 20 \times 10^{-3} = -48 \text{ (V)}$$

显然上述假设是错误的,因为 U_{CEQ} 不可能为负值,问题出在错误地使用了式(2-11)。当 R_b 减小后,基极电位升高,导致发射结正向偏置,集电结也正向偏置,三极管进入饱和状态,式(2-11)不再适用了。

三极管工作于饱和区时,其集电极与发射极之间的电压称为饱和电压,用 U_{CES} 表示(硅管 $U_{CES} = 0.3$ V,锗管 $U_{CES} = 0.1$ V)。此时集电极的电流称为集电极饱和电流用 I_{CS} 表示。由图 2-7 可得

$$I_{CS} = \frac{V_{CC} - U_{CES}}{R_c} \tag{2-14}$$

当三极管工作于临界饱和(即 $U_{BE} = U_{CE}$)状态时,此时仍认为 $I_C = \beta I_B$ 成立。

临界饱和时的基极电流
$$I_{BS} = \frac{I_{CS}}{\beta} \tag{2-15}$$

由此得出结论:当 $I_{BQ} > I_{BS}$ 时,说明三极管已进入饱和状态;当 $0 < I_{BQ} < I_{BS}$ 时,说明三极管工作于放大区。

在【例题 2-1】(2)中,

$$I_{CS} = \frac{V_{CC} - U_{CES}}{R_c} = \frac{12 - 0.3}{3} \approx \frac{12}{3} = 4 \text{ (mA)}$$

$$I_{BS} = \frac{I_{CS}}{\beta} = \frac{4}{50} = 0.08 \text{ (mA)}$$

$$I_{BQ} = \frac{V_{CC} - U_{BEQ}}{R_b} = \frac{12 - 0.7}{30} \approx \frac{12}{30} = 0.4 \text{ (mA)}$$

即 $I_{BQ} > I_{BS}$，三极管已经进入饱和区。所以，此时三极管的静态工作点为

$$U_{CEQ} = U_{CES} = 0.3 \text{ V}$$
$$U_{BEQ} = 0.7 \text{ V}$$
$$I_{BQ} = 0.4 \text{ mA}$$
$$I_{CQ} = I_{CS} = 4 \text{ mA}$$

【想一想】三极管正常工作的条件是什么？为什么要设置静态工作点？

2.2.3　交流通路和动态分析

　　问题的提出：放大器在输入交流信号时，要分析其各项性能指标，需要画出交流通路。放大电路分析的复杂性在于三极管的特性是非线性的，如何在一定条件下将晶体三极管用线性元件来代替，使放大电路成为线性电路？

　　动态分析是指放大器输入交流信号时，对其各项性能指标的分析。通常采用图解法和微变等效电路法。下面重点介绍微变等效电路法。

一、三极管微变等效模型

　　放大电路中含有非线性器件晶体管，如果晶体管在微小的输入信号（微变量）下工作，那么特性曲线在静态工作点附近的小范围内的非线性曲线可用直线段来代替，此时晶体管放大电路可等效为线性电路，这个线性等效电路称为微变等效电路。必须强调，微变等效电路是在微变量的基础上推演而得的，它只能用于分析晶体管在小信号输入时的动态工作情况。

　　如图 2-10(a)所示是晶体管的输入特性曲线。当输入信号较小时，在静态工作点 Q 邻近的范围内的曲线可以看成直线段。Δu_{BE} 与 Δi_B 的比值叫作晶体管的输入电阻，用 r_{be} 表示。所以在微变等效电路法中，晶体管的基极和发射极之间可以用一个电阻来等效。工程中用下式估算：

$$r_{be} = 300 + (1+\beta)\frac{26(\text{mV})}{I_{EQ}(\text{mA})} \tag{2-16}$$

式中，I_{EQ} 是晶体管发射极静态电流，单位为毫安。r_{be} 的值一般为几百欧姆到几千欧姆。

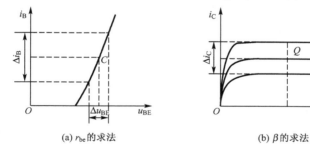

(a) r_{be} 的求法　　　　　(b) β 的求法

图 2-10　从晶体管特性曲线求 r_{be} 和 β 的方法

　　如图 2-10(b)所示是晶体管的输出特性曲线。在放大区，集电极电流只受基极电流的控制，而几乎与管子两端电压 u_{CE} 无关，因而晶体管的输出回路可等效为一个受控的电流源，即 $\Delta i_C = \beta \Delta i_B$，用微变交流量表示时，可得

$$i_C = \beta i_B \tag{2-17}$$

　　综上所述，用输入电阻 r_{be} 来表达晶体管的输入特性，用受控电流源 βi_B 来表达晶体

管的输出特性,可画出晶体管的微变等效电路模型如图 2-11 所示。

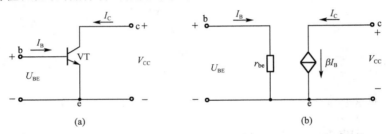

图 2-11 晶体管的微变等效电路模型

二、放大电路交流通路

交流通路是指放大电路中交流信号通过的电流通路。在交流通路中,大容量电容(如耦合电容)的容抗很小,可看成交流短路;直流电源 V_{CC}、V_{BB} 对变化量不起作用,因内阻很小也相当于短路。根据上述原则,可画出如图 2-5 所示的共发射极基本放大电路的交流通路,如图 2-12 所示。

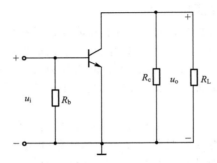

图 2-12 共发射极基本放大电路的交流通路

三、微变等效电路法分析

对放大电路的分析应遵循"先静态,后动态"的原则。具体步骤是:首先分析静态工作点,确定其是否合适,如不合适应进行调整;其次画出放大电路的交流通路,并根据式(2-16)求出 r_{be};最后将晶体管用其微变等效电路模型代替,就可得到放大器的微变等效电路。例如图 2-5 所示的共发射极放大电路,它的交流通路如图 2-13(a)所示,微变等效电路如图 2-13(b)所示。

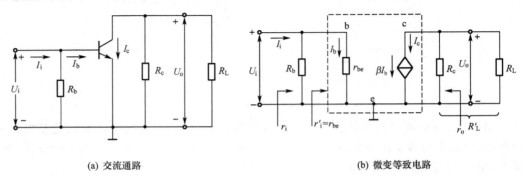

(a) 交流通路　　　　　　　　　　　　(b) 微变等致电路

图 2-13 放大电路的交流通路和微变等效电路

由图可求得放大电路的电压放大倍数、输入电阻和输出电阻等性能指标。

（1）放大电路电压放大倍数

假设在输入端输入正弦信号，图中的电压、电流表示为

$$U_i = I_b r_{be}$$
$$U_o = -I_c R'_L = -\beta I_b R'_L$$

则

$$A_u = \frac{U_o}{U_i} = \frac{-\beta I_b R'_L}{I_b r_{be}} = \frac{-\beta R'_L}{r_{be}} \qquad (2\text{-}18)$$

当负载开路时

$$A_u = \frac{U_o}{U_i} = \frac{-\beta R_c}{r_{be}}$$

式中 $R'_L = R_L /\!/ R_c$。

（2）放大电路输入电阻

放大电路对于信号源来说，是一个负载，可以用一个电阻来等效代替。这个电阻是信号源的负载电阻，也就是放大电路的输入电阻 r_i，即

$$r_i = \frac{U_i}{I_i} = R_b /\!/ r_{be} \qquad (2\text{-}19)$$

（3）放大电路输出电阻

输出电阻是由输出端向放大电路看进去的动态电阻，所以得出：

$$r_o = R_c \qquad (2\text{-}20)$$

【想一想】动态分析时，带负载和不带负载的区别是什么？r_{be} 是动态电阻还是静态电阻？它和一般的电阻有什么不同？微变等效电路适用信号范围如何？

2.3 放大电路静态工作点的稳定

　　问题的提出：放大电路选择合适的静态工作点是其正常工作的前提条件。放大电路不仅要有合适的静态工作点，还必须在电路上采取措施来稳定静态工作点。而影响静态工作点稳定的因素有很多，那么应如何改进电路来稳定静态工作点呢？

2.3.1　影响放大电路静态工作点的因素

　　通过上一节分析可知，设置偏置电路的目的是为了给晶体管以合适的工作状态，使放大电路具有较好的性能指标。然而影响静态工作点稳定的因素有很多，如温度的变化、元件的老化、电源电压的波动等，其中温度对晶体管的影响最为显著。具体表现在温度对晶体管参数的影响：（1）当温度升高时，基极门限电压 U_{BE} 减小，由电路的输入回路 $V_{CC} = I_{BQ} R_b + U_{BE}$ 可知，U_{BE} 下降，I_{BQ} 增大，因而 I_C 增加。（2）当温度升高时，电流放大系数 β 增大，即相应的基极电流 I_C 增加。（3）当温度升高时，I_{CEO} 增大，I_C 增加。总之，温度升高 I_C 增大，静态工作点上移。

　　静态工作点上移后，放大电路在放大过程中，可能使三极管瞬时进入饱和区。反之，温度降低，会引起静态工作点下移，放大电路在放大过程中，可能使三极管瞬时进入截止

区。因此放大电路不仅要有合适的静态工作点,而且还必须在电路中采取措施来稳定静态工作点,使放大电路在放大过程中,三极管始终工作在放大区。

在如图 2-5 所示的共发射极基本放大电路中,$I_{BQ}=\dfrac{V_{CC}-U_{BE}}{R_b}\approx\dfrac{V_{CC}}{R_b}$,只要 V_{CC}、R_b 固定,则基极电流 I_{BQ} 固定,即晶体管的静态工作点就固定了,这种电路称为固定偏置式电路。该电路所用元件少、电路简单、增益高。但温度升高时 U_{BEQ} 减小,β 增加,I_{BQ} 将增大,集电极电流 I_{CQ} 随之增大,静态工作点上移,从而影响放大器的性能。如果在温度变化时,能设法使 I_{CQ} 近似维持恒定,就可以解决问题了。

2.3.2 分压式偏置放大电路

分压式偏置共射极放大电路如图 2-14(a)所示,直流偏置电路如图 2-14(b)所示。其中 R_{b1} 称为上偏置电阻,R_{b2} 称为下偏置电阻,基极电压是由 R_{b1} 和 R_{b2} 分压取得的,所以称为分压偏置。R_e 称为发射极电阻,电容 C_e 称为交流旁路电容,对交流是短路的。由于采取了以上两个措施,使电路工作稳定性能提高,它是应用最广泛的放大电路。

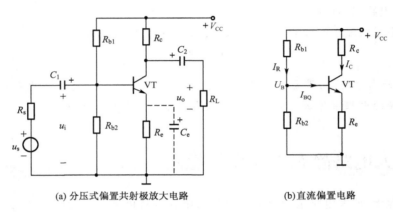

(a) 分压式偏置共射极放大电路　　　　(b)直流偏置电路

图 2-14　分压式偏置共射极放大电路和直流偏置电路

下面分析分压式偏置电路稳定静态工作点的原理。

一、R_{b1}、R_{b2} 组成分压器

用来向三极管基极提供固定的静态电压 U_{BQ}。合理选择 R_{b1}、R_{b2} 阻值,使 $I_R\gg I_{BQ}$ 即忽略 I_{BQ} 对 I_R 的分流,晶体管基极直流电压 U_{BQ} 由电阻 R_{b1} 和 R_{b2} 分压确定,于是

$$U_{BQ}\approx\frac{R_{b2}}{R_{b1}+R_{b2}}V_{CC} \tag{2-21}$$

可见,U_B 是一个与晶体管参数无关的量,不随温度变化而变化。

二、R_e 串入发射极电路

目的是产生一个正比于 I_{EQ} 的静态发射极电压 U_{EQ},并由它调控 U_{BEQ}。只要 $U_B\gg U_{BE}$,则

$$I_{CQ} \approx I_{EQ} = \frac{U_{EQ}}{R_e} = \frac{U_{BQ} - U_{BEQ}}{R_e} \approx \frac{U_{BQ}}{R_e} \qquad (2\text{-}22)$$

所以,I_C 也是一个与晶体管参数无关的量,不受温度影响,从而能使静态工作点基本稳定。

三、电路中 R_e 上并联的电容 C_e 应足够大

对交流信号而言,其容抗很小,几乎接近于短路。这样,放大器的放大倍数就不会因 R_e 的接入而下降。I_{EQ} 只与电源电压和偏置电阻有关,也不受三极管参数和温度变化的影响,所以静态工作点是稳定的,即使更换了三极管,静态工作点也能基本保持稳定。从另一个角度看,是 R_e 引入了直流电流串联负反馈使 Q 点稳定。

稳定静态工作点的过程,可用以下流程表示:

$$T \uparrow \rightarrow I_{CQ} \uparrow \rightarrow I_{EQ} \uparrow \rightarrow U_{EQ} \uparrow \xrightarrow{U_{BQ} 固定} U_{BEQ} \downarrow \rightarrow I_{BQ} \downarrow \rightarrow I_{CQ} \downarrow$$

保持 I_{CQ} 基本不变。

上述表明,这种分压式偏置电路,其特点就是利用分压器取得固定基极电压 U_{BQ},再通过 R_e 对电流 $I_{CQ}(I_{EQ})$ 的取样作用,将 I_{CQ} 的变化转换成 U_{EQ} 的变化,经过负反馈自动调节 U_{BEQ} 从而达到稳定静态工作点的目的。为了使电路稳定工作点的效果更好,要保证 I_R 越大于 I_{BQ},U_{BQ} 就越大于 U_{BEQ}。但为了兼顾其他指标,工程应用时一般可选取:$U_{BQ} = (5 \sim 10) U_{BEQ}$,$I_R = (5 \sim 10) I_{BQ}$。

2.3.3 动态分析

如图 2-14(a)所示分压式偏置共射极放大电路(有 C_e),根据 2.2.3 节介绍的动态分析法,可得该电路的交流通路和微变等效电路,分别如图 2-15(a)和图 2-15(b)所示。

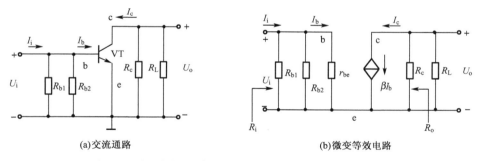

(a)交流通路   (b)微变等效电路

图 2-15　分压式偏置共射极放大电路的交流通路和微变等效电路

由图可求得放大电路的电压放大倍数、输入电阻和输出电阻等性能指标。

一、放大电路的电压放大倍数

由图 2-15(b)可知

$$U_i = I_b r_{be}$$
$$U_o = -I_c R'_L = -\beta I_b R'_L$$

式中,$R'_L = R_L /\!/ R_c$。所以,放大电路的电压放大倍数 A_u 为

$$A_u = \frac{U_o}{U_i} = \frac{-\beta I_b R'_L}{I_b r_{be}} = \frac{-\beta R'_L}{r_{be}} \qquad (2\text{-}23)$$

式中负号说明输出电压 U_o 与输入电压 U_i 反相。

二、放大电路的输入电阻

由图 2-15(b)可得,放大电路的输入电阻 r_i 为

$$r_i = R_{b1} /\!/ R_{b2} /\!/ r_{be} \tag{2-24}$$

三、放大电路的输出电阻 r_o

由图 2-15(b)可见,当 $U_i = 0$ 时,$I_b = 0$,则 βI_b 开路,所以,放大电路的输出电阻 r_o 为

$$r_o = R_c \tag{2-25}$$

【例题 2-2】 分压式偏置共射极放大电路如图 2-14(a)所示,已知 $R_{b1} = 30$ kΩ,$R_{b2} = 10$ kΩ,$R_c = 2$ kΩ,$R_e = 1$ kΩ,$R_L = 8$ kΩ,$\beta = 40$,$V_{CC} = 12$ V,晶体管为硅管。接有 C_e 时:

(1)估算静态工作点。

(2)计算电压放大倍数、输入电阻、输出电阻。

解 (1)放大器直流偏置电路如图 2-14(b)所示。

$$U_B \approx \frac{R_{b2}}{R_{b1} + R_{b2}} V_{CC} = \frac{10}{30 + 10} \times 12 = 3 \text{ (V)}$$

$$I_{CQ} \approx I_{EQ} = \frac{U_E}{R_e} = \frac{U_B - U_{BE}}{R_e} = \frac{3 - 0.6}{1} = 2.4 \text{ (mA)}$$

$$I_{BQ} = \frac{I_{CQ}}{\beta} = \frac{2.4}{40} = 0.06 \text{ (mA)} = 60 \text{ (}\mu\text{A)}$$

$$U_{CEQ} = V_{CC} - I_{CQ}(R_c + R_e) = 12 - 2.4 \times (2 + 1) = 4.8 \text{ (V)}$$

(2)有 C_e 时

$$r_{be} = 300 + (1 + \beta)\frac{26(\text{mV})}{I_{EQ}(\text{mA})} = 300 + (1 + 40)\frac{26}{2.4} \approx 744 \text{ (}\Omega\text{)} = 0.744 \text{ (k}\Omega\text{)}$$

利用式(2-23)、式(2-24)、式(2-25)分别可得

$$A_u = \frac{-\beta R_L'}{r_{be}} = \frac{-40}{0.744} \times (2 /\!/ 8) \approx -86$$

$$r_i = R_{b1} /\!/ R_{b2} /\!/ r_{be} \approx 0.677 \text{ (k}\Omega\text{)}$$

$$r_o = R_c = 2 \text{ (k}\Omega\text{)}$$

需要说明的是,无 C_e 时,R_e 对交、直流都起作用,具体分析过程由读者完成。这里只给出微变等效电路及动态参数公式。

分压式偏置共射极放大电路无 C_e 时,其微变等效电路如图 2-16 所示。

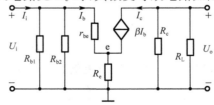

图 2-16 分压式偏置共射极放大电路无 C_e 时的微变等效电路

电压放大倍数 $\quad A_u = \dfrac{U_o}{U_i} = \dfrac{-\beta R'_L}{r_{be}+(1+\beta)R_e}$ $\qquad$ (2-26)

输入电阻 $\quad r_i = R_{b1}/\!/R_{b2}/\!/R'_i = R_{b1}/\!/R_{b2}/\!/[r_{be}+(1+\beta)R_e]$ $\qquad$ (2-27)

输出电阻 $\qquad\qquad\qquad r_o \approx R_c$ $\qquad$ (2-28)

可见,引入发射极电阻 R_e 后,电压放大倍数降低,输入电阻增大,输出电阻基本无影响。

【想一想】分压式偏置放大电路是如何稳定静态工作点的?为什么要稳定静态工作点?

四、分压式偏置放大电路的仿真

如图 2-17 所示是分压式偏置放大电路的仿真电路。图中 R_{b1} 为可调电阻,按动 A 键可以将 RP_{b1} 的阻值变大,从而将基极电位降低;如果同时按 Shift 键和 A 键,可以将 RP_{b1} 的阻值变小,从而将基极电位提高,达到调整三极管直流工作点的目的。双击示波器图标将其面板展开,即可观察到输入与输出波形。

通过电路仿真达到以下目的:

(1)加深对共射极基本放大电路放大特性的理解;

(2)学习静态工作点 Q 的测量和调整方法;

(3)观察 R_c 和 RP_{b1} 对静态工作点及交流放大特性的影响;

(4)学习放大器动态指标 A_u、A_{us}、r_i、r_o 等的测量方法。

仿真步骤:

(1)启动 Multisim 10,按照图 2-17 所示连接电路。

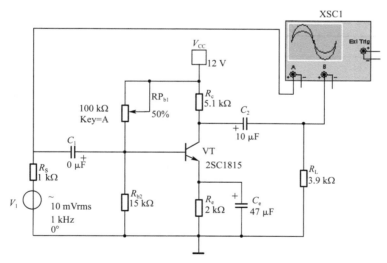

图 2-17 分压式偏置放大的仿真电路

(2)给元器件标识、赋值(或选择模型),单击 Multisim 10 仪器库,选择函数信号发生器和示波器,并正确连接在电路中。

(3)单击仿真开关按钮,运行电路,仿真结果如图 2-18 所示。

(4)测量静态工作点,并计算相应的理论值,将结果填入表 2-4 中,并分析静态工作点的设置是否正常?

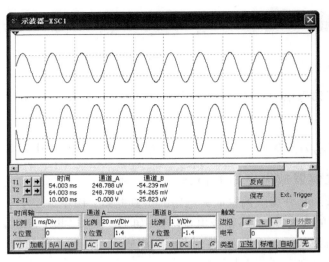

图 2-18　分压式偏置放大电路的仿真结果

表 2-4　　　　　　　　　　　　　　**直流工作点测量**

	I_{BQ}	I_{CQ}	U_{CEQ}
测量值			
理论值			

（5）调节 RP_b 和 R_c 可改变静态工作点的设置，进而改变放大器的动态范围。用示波器观察输出信号的变化，根据以上结果完成表 2-5 中的内容，分析 RP_b 和 R_c 对静态工作点和输出信号有何影响？

表 2-5　　　　　　　　　　**RP_{b1} 和 R_c 对电路的影响**

RP_{b1}	R_c	输出信号波形
10 kΩ	5.1 kΩ	
50 kΩ	5.1 kΩ	
100 kΩ	5.1 kΩ	
50 kΩ	20 kΩ	

（6）当 $RP_{b1}=50$ kΩ 和 $R_c=5.1$ kΩ 时，调节输入信号大小，观察输出信号的变化情况，输入信号的大小对输出结果有何影响？放大器在输入大信号的情况下是线性的，还是非线性的？

（7）动态指标 A_u、A_{us}、r_i、r_o 的测试（测试条件为输出不失真），并与理论值比较，将结果填入表 2-6 中。

表 2-6　　　　　　　　　　　**动态指标的测试**

	U_s	U_i	U_o	U'_o	A_u	A_{us}	r_i	r_o
测试值								
理论值								

理论计算公式：

$$A_u=\frac{U_o}{U_i}, A_{us}=\frac{U_o}{U_s}, r_i=\frac{U_i}{U_s-U_i}R_s, r_o=\left(\frac{U'_o}{U_o}-1\right)R_L$$

其中 R_s 为外接电阻作为信号源内阻，U'_o 为负载 R_L 开路时的 U_o 值。

五、放大器的非线性失真

所谓失真，是指输出信号的波形与输入信号的波形不一致。如果信号在放大的过程中，放大器的工作范围超出了放大区，进入了截止区或饱和区，就会导致输出信号出现非线性失真。

常见的失真有：截止失真和饱和失真。

1.截止失真

（1）启动 Multisim 10，按照图 2-19 所示连接电路。

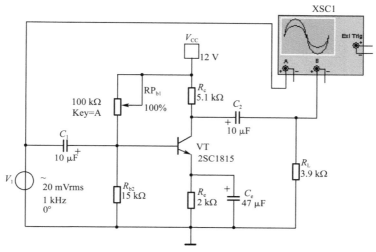

图 2-19 分压式偏置截止失真的仿真电路

（2）给元器件标识、赋值（或选择模型），单击 Multisim 10 仪器库，选择函数信号发生器和示波器，并正确连接在电路中。

（3）单击仿真开关按钮，运行电路，得到的仿真结果如图 2-20 所示。

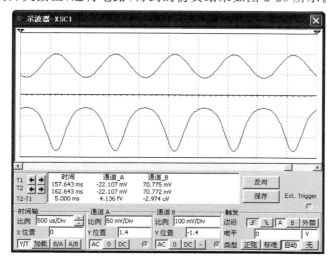

图 2-20 分压式偏置截止失真的仿真结果

当放大电路的静态工作点 Q 选取得比较低时，I_{BQ} 较小，输入信号的负半周使三极管进入到截止区，从而造成截止失真，如图 2-20 所示。

2.饱和失真

（1）启动 Multisim 10，按照图 2-21 所示连接电路。

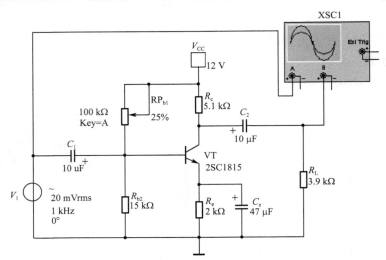

图 2-21　分压式偏置饱和失真的仿真电路

（2）给元器件标识、赋值（或选择模型），单击 Multisim 10 仪器库，选择函数信号发生器和示波器，并正确连接在电路中。

（3）单击仿真开关按钮，运行电路，得到的仿真结果如图 2-22 所示。

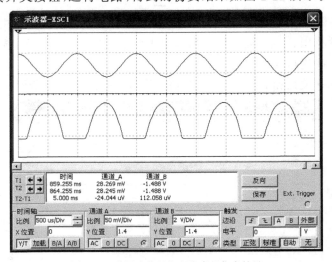

图 2-22　分压式偏置饱和失真的仿真结果

当放大电路的静态工作点 Q 选取得比较高时，I_{BQ} 较大，U_{CEQ} 较小，输入信号的正半周进入饱和区而造成的失真称为饱和失真。如图 2-22 所示。

【**想一想**】放大电路的静态工作点选择在何处比较合适？

2.4 共集电极基本放大电路

问题的提出:作为放大电路的输入级,输入电阻越大对信号源的影响越小,向信号源索取的电流越小;作为放大电路的输出级,输出电阻越小,当负载改变时,输出电压变动越小,带负载能力就越强。三极管怎样连接才能实现这种功能呢?

2.4.1 电路组成

共集电极放大电路是一种应用很广泛的放大器。电路如图 2-23(a)所示,其中 R_b 为偏置电阻,用以调节晶体管的静态工作点,R_e 为直流负载电阻,C_1、C_2 为耦合电容。共集电极放大电路结构与共发射极放大器不同,输入信号经 C_1 加在晶体管的基极与地之间,输出信号经 C_2 由发射极和地之间取出,集电极接电源 V_{CC},对交流信号而言相当于短路,集电极相当于直接接地,为输入信号 u_i 与 u_o 的公共参考点,故称为共集电极放大电路,该电路又称为射极输出器或射极跟随器。如图 2-23(b)所示是其交流通路。

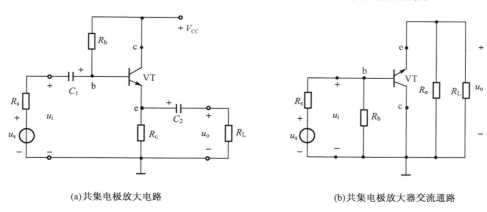

(a)共集电极放大电路   (b)共集电极放大器交流通路

图 2-23　共集电极放大电路及其交流通路

2.4.2 静态分析

共集电极放大电路的直流通路如图 2-24 所示。

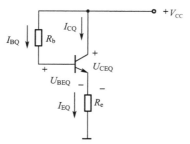

图 2-24　共集电极放大电路的直流通路

由图可知：
$$V_{CC}=I_{BQ}R_b+U_{BEQ}+I_{EQ}R_e=I_{BQ}[R_b+(1+\beta)R_e]+U_{BEQ}$$
$$I_{BQ}=\frac{V_{CC}-U_{BEQ}}{R_b+(1+\beta)R_e} \tag{2-29}$$
$$I_{CQ}=\beta I_{BQ} \tag{2-30}$$
$$U_{CEQ}=V_{CC}-I_{EQ}R_e\approx V_{CC}-I_{CQ}R_e \tag{2-31}$$

射极输出器中的电阻 R_e 还具有稳定静态工作点的作用。例如，当温度升高时，由于 I_{CQ} 增大，I_{EQ} 增大，使 R_e 上的压降上升，导致 U_{BEQ} 下降，从而牵制了 I_{CQ} 的进一步上升，最终稳定了静态工作点。

2.4.3 动态分析

考虑到电容 C_1、C_2 及电源 V_{CC} 对交流信号而言，相当于短路，因此画出小信号模型的微变等效电路如图 2-25 所示。

用微变等效电路法分析它的 A_u、r_o、r_i。

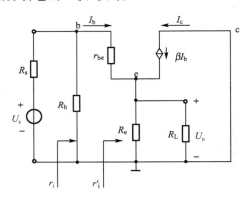

图 2-25　微变等效电路

一、共集电极放大电路的电压放大倍数 A_u

因为
$$U_i=I_b r_{be}+(1+\beta)R'_e I_b$$
$$U_o=(1+\beta)I_b R'_e,R'_e=R_e/\!/R_L$$
$$A_u=\frac{(1+\beta)R'_e}{r_{be}+(1+\beta)R'_e} \tag{2-32}$$

二、共集电极放大电路的输入电阻 r_i

因为
$$r_i=R_b/\!/r'_i$$
$$r'_i=U_i/I_b=r_{be}+(1+\beta)R'_e$$
所以
$$r_i=U_i/I_i=R_b/\!/[r_{be}+(1+\beta)R'_e] \tag{2-33}$$

三、共集电极放大电路的输出电阻 r_o

$$r_o=R_e/\!/[(R'_s+r_{be})/(1+\beta)] \tag{2-34}$$
式中
$$R'_s=R_s/\!/R_b$$

综上所述,射极跟随器最突出的优点是,具有输入电阻高和输出电阻低的特点。因此,射极跟随器常被用作多级放大器的输入级或输出级,也可用于中间隔离级。用作输入级时,其较高的输入电阻可以减小向信号源索取的电流,在信号源内阻较高的情况下,作用更加明显;用作输出级时,其较低的输出电阻可以减少负载变化对输出电压的影响。

【想一想】共集电极放大电路有哪些特点?可应用在哪些场合?

四、共集电极放大器电路的仿真

如图2-26所示是共集电极放大器的仿真电路。双击示波器图标将其面板展开,即可观察到输入与输出波形。

通过电路仿真达到以下目的:

(1)学习共集电极放大器的工作原理;

(2)找出该电路的特点(输入电阻大,输出电阻小),得出其应用范围。

仿真步骤:

(1)启动 Multisim 10,按照图2-26所示连接电路。

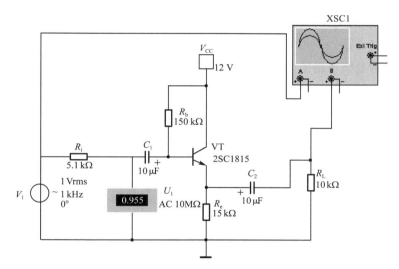

图2-26 共集电极放大器的仿真电路

(2)给元器件标识、赋值(或选择模型),单击 Multisim 10 仪器库,选择函数信号发生器、示波器和电压表,并正确连接在电路中。

(3)单击仿真开关按钮,运行电路。

①观察示波器的波形,根据其输入、输出电压的波形,了解它被称为射极跟随器的原因。

②改变集电极电源的电压,观察静态工作点的变化。

③增加或减少 R_e,观察输出波形的变化。

2.5 场效应管放大电路

用场效应管组成放大器和使用普通半导体三极管一样,都要建立合适的静态工作点。所不同的是,场效应管是电压控制器件,因此它需要有合适的栅极电压。

2.5.1 共源极放大电路

如图 2-27(a)所示为共源极场效应管放大电路,在电路结构上类似于三极管的共发射极放大电路,并且也和三极管放大电路中一样要设置合适的静态工作点。在信号的作用下,使场效应管能始终工作在恒流区,以确保电路能实现正常放大。

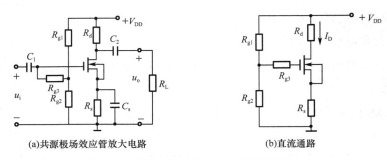

(a)共源极场效应管放大电路　　　　(b)直流通路

图 2-27　共源极场效应管放大电路及其直流通路

对场效应管放大电路的静态分析可以采用图解法运用公式计算,图解的原理和半导体三极管相似。以下讨论公式计算法确定静态工作点 Q。

如图 2-27(b)所示为共源极场效应管放大电路的直流通路。

一、静态分析

静态时加在场效应管上的栅源电压为

$$U_{GS} = \frac{R_{g2}}{R_{g1} + R_{g2}} V_{DD} - I_D R_s \tag{2-35}$$

对于耗尽型 MOS 管构成的放大电路,有

$$I_D = I_{DSS}(1 - \frac{U_{GS}}{U_{GS(off)}})^2 \tag{2-36}$$

对于增强型 MOS 管构成的放大电路,有

$$I_D = I_{DO}(\frac{U_{GS}}{U_{GS(th)}} - 1)^2 \tag{2-37}$$

求出 U_{GS} 和 I_D 后,再利用

$$U_{DS} = V_{DD} - I_D(R_d + R_s) \tag{2-38}$$

解得 U_{GS},即所求静态工作点 Q。

【例题 2-3】　如图 2-27 所示,已知 $R_{g1} = 2\ M\Omega$,$R_{g2} = 47\ k\Omega$,$R_d = 30\ k\Omega$,$R_s = 2\ k\Omega$,$V_{DD} = 18\ V$,场效应晶体管的 $U_{GS(off)} = -1\ V$,$I_{DSS} = 0.5\ mA$,试确定 Q 点。

解　由式(2-35)和式(2-36)得:

$$U_{GS} = -0.22 \text{ V} \quad I_D = 0.31 \text{ mA}$$

由式(2-38)得：$U_{DS} = 8$ V 即所求的静态工作点 Q。

二、交流放大特性

如果输入信号是低频小信号,且场效应管工作在恒流区,则可以和三极管一样利用微变等效电路来进行动态分析。如图 2-28 所示。

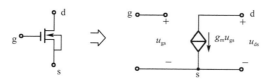

图 2-28　场效应管微变等效电路

利用微变等效电路分析共源极放大电路的电压放大倍数、输入电阻和输出电阻。

场效应管共源极放大电路如图 2-29 所示,微变等效电路如图 2-30 所示。

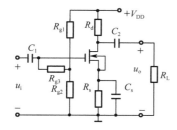

图 2-29　共源极放大电路

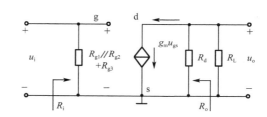

图 2-30　共源极放大电路的微变等效电路

1.电压放大倍数 A_u

$$A_u = \frac{U_o}{U_i} = \frac{-g_m U_{gs}(R_d /\!/ R_L)}{U_{gs}}$$
$$= -g_m(R_d /\!/ R_L)$$
$$= -g_m R_L'$$

(2-39)

2.输入电阻 R_i 和输出电阻 R_o

输入电阻：
$$R_i = R_{g1} /\!/ R_{g2} + R_{g3}$$
(2-40)

输出电阻：
$$R_o = R_d$$
(2-41)

由上述分析可知,场效应管共源极放大电路的输出电压与输入电压反相。与三极管的共发射极放大电路相比,由于场效应管的跨导 g_m 值较小,电压放大倍数较低。但其输入电阻却很大,故在要求高输入电阻放大电路时,经常采用上述电路。

2.5.2　共漏极放大电路

共漏极放大电路又称为源极输出器或源极跟随器。它与射极跟随器相类似,也具有输入电阻高、输出电阻低、电压放大倍数略小于 1 的特点,应用也很广泛。电路如图 2-31所示。

如图 2-32 所示为共漏极放大电路的微变等效电路。

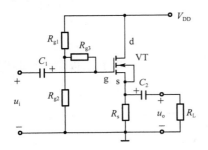

图 2-31　共漏极放大电路

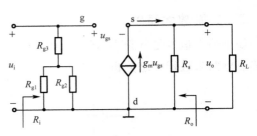

图 2-32　共漏极放大电路的微变等效电路

一、电压放大倍数 A_u

$$A_u = \frac{U_o}{U_i} = \frac{g_m U_{gs}(R_s /\!/ R_L)}{U_{gs} + g_m U_{gs}(R_s /\!/ R_L)} = \frac{g_m(R_s /\!/ R_L)}{1 + g_m(R_s /\!/ R_L)} \tag{2-42}$$

二、输入电阻 R_i

由图 2-32 可得

$$R_i = R_{g3} + R_{g1} /\!/ R_{g2} \tag{2-43}$$

三、输出电阻 R_o

由图 2-32 可得

$$R_o = R_s /\!/ R'_o = R_s /\!/ \frac{1}{g_m} \tag{2-44}$$

由上述分析可知,源极输出器与三极管射极输出器有相似的特点:电压放大倍数小于且接近于 1,输入电阻较高,输出电阻较低。但源极输出器的输入电阻比射极输出器的输入电阻要大得多,一般可达几十兆欧,同时源极输出器的输出电阻比射极输出器的输出电阻也要大。

2.6　实　训

2.6.1　常用仪器使用

一、实训目的

1.学习模拟电子技术实训中常用的电子仪器(示波器、函数信号发生器、直流稳压电源、交流毫伏表、万用表等)的主要功能及正确使用方法。

2.了解模拟实训箱的结构和功能。

3.初步掌握用示波器观察正弦信号波形和读取波形参数的方法。

二、实训仪器及设备

1.函数信号发生器。

2.示波器。

3.交流毫伏表。

4.直流稳压电源。

三、实训内容

1.仪器连线图

实训中往往要同时使用多种电子仪器,一般可按照信号流向、连线简单、调节顺手、观察与读数方便等原则进行合理布局和连接。仪器与被测实训装置之间的布局与连接如图 2-33所示。接线时应注意,为保证实训数据的准确,防止外界干扰,各仪器的公共接地端应连接在一起,称为公共地端。信号源和交流毫伏表的引线通常用屏蔽线或专用电缆线,示波器接线使用专用电缆线,直流电源的接线可用普通导线。

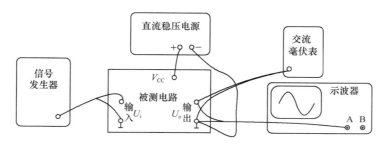

图 2-33　仪器与被测电路之间的布局连接图

2.仪器的作用及功能

(1)示波器

示波器是一种最常用的电子测量仪器,它既能直接显示电信号的波形,又能对电信号进行各种参数的测量。

①双踪示波器一般有五种显示方式,即"Y_1""Y_2""Y_1+Y_2"三种单踪显示方式和"交替""断续"两种双踪显示方式。"交替"显示一般适宜于输入信号频率较高时使用,"断续"显示一般适宜于输入信号频率较低时使用。

②为了显示稳定的被测信号波形,"触发源选择"开关一般选为"内"触发,使扫描触发信号取自示波器内部的 Y 通道。

③适当调节"扫速"开关及"Y 轴灵敏度"开关,使屏幕上显示 3~5 个周期的被测信号波形。在测量幅值时,应注意将"Y 轴灵敏度"微调旋钮置于"校准"位置,即顺时针旋到底,且可感觉到关的感觉。在测量周期时,应注意将"X 轴扫速"微调旋钮置于"校准"位置,即顺时针旋到底,且可感觉到关的感觉。还要注意"扩展"旋钮的位置。

④根据被测波形在屏幕坐标刻度上垂直方向所占的格数与"Y 轴灵敏度"开关指示值(V/Div)的乘积,即可算得信号幅值的实测值。

⑤根据被测信号波形一个周期在屏幕坐标刻度水平方向所占的格数与"扫速"开关指示值(t/Div)的乘积,即可算得信号频率的实测值。

(2)函数信号发生器

函数信号发生器能输出正弦波、方波、三角波三种信号波形。通过输出衰减开关和输出幅度调节旋钮,可使输出电压在毫伏级到伏级范围内连续调节。函数信号发生器的输出信号频率可以通过频率分挡开关进行调节。函数信号发生器作为信号源,它的输出端不允许长时间短路。

(3)交流毫伏表

交流毫伏表只能在工作频率范围之内用于测量正弦交流电压的有效值。为了防止过载而损坏,测量前一般先把量程开关置于量程较大的位置上,然后在测量中逐挡减小量程。

(4)直流稳压电源

为被测电路提供直流稳压电源。为了防止接错而损坏电路,测量前必须先根据所需电压调整好数值,并确定连接无误后方可打开电源。需要注意的是,其输出端不允许短路。

3.实训步骤

(1)用机内校正信号对示波器进行自检

测试"校正信号"波形的幅度、频率。将示波器的"校正信号"通过专用电缆线引入选定的 Y 通道,将 Y 轴输入耦合方式开关置"AC"或"DC",将触发源选择开关置"内"。调节 X 轴"扫速"开关(t/Div)和"Y 轴灵敏度"开关(V/Div),使示波器显示屏上显示出一个或数个周期稳定的方波波形。

①校准"校正信号"幅度。将"Y 轴灵敏度"微调旋钮置"校准"位置,"Y 轴灵敏度"开关置适当位置,读取校正信号幅度,填入表 2-7 中。

表 2-7 　　　　　　　　　　　"校正信号"数据

	标准值	实测值	备注
幅度			
频率			
上升时间			
下降时间			

②校准"校正信号"频率。将"扫速"微调旋钮置"校准"位置,"扫速"开关置适当位置,读取校正信号周期,记入表 2-7。

③测量"校正信号"的上升时间和下降时间。调节"Y 轴灵敏度"开关及微调旋钮,并移动波形,使方波波形在垂直方向上正好占据中心轴,且上、下对称,便于识读。通过"扫速"开关逐级提高扫描速度,使波形在 X 轴方向扩展(必要时可以利用"扫速扩展"开关将波形再扩展 10 倍),并同时调节"触发电平"旋钮,从显示屏上清楚地读出上升时间和下降时间,填入表 2-7 中。

(2)用示波器和交流毫伏表测量信号参数

调节函数信号发生器有关旋钮,使输出频率分别为 100 Hz、1 kHz、10 kHz、100 kHz,有效值均为 1 V(交流毫伏表测量值)的正弦波信号。

改变示波器"扫速"开关及"Y 轴灵敏度"开关的位置,测量信号源输出电压频率及峰峰值,填入表 2-8 中。

信号频率	毫伏表测量值/V	示波器测量值			
		周期/ms	频率/Hz	峰峰值/V	有效值/V
100 Hz					
1 kHz					
10 kHz					
100 kHz					

表 2-8　"校正信号"测量数据

四、问题讨论

1.如何操纵示波器有关旋钮,以便从示波器显示屏上观察到稳定、清晰的波形?

2.函数信号发生器有哪几种输出波形? 它的输出端能否短接,如用屏蔽线作为输出引线,则屏蔽层一端应该接在哪个接线柱上?

3.交流毫伏表用来测量正弦波电压还是非正弦波电压? 它的表头指示值是被测信号的什么值?

2.6.2　分压式共射极放大电路

一、实训目的

1.学习电子电路布线、安装等基本技能。

2.熟悉放大电路静态工作点、电压放大倍数、输入电阻和输出电阻的测量方法。

3.学习分压式共射极放大电路故障的排除方法,培养独立解决问题的能力。

4.熟悉常用电子仪器的使用方法。

二、实训电路

分压式共射极放大电路如图 2-34 所示。

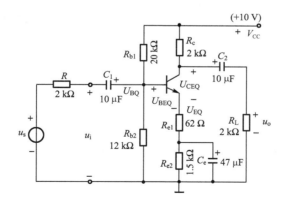

图 2-34　分压式共射极放大电路

三、实训器材

1.直流稳压电源。

2.信号发生器。

3.交流毫伏表。

4.示波器。

5.万用表。

6.元器件：三极管 9014，1/8W 电阻 62 Ω、1.5 kΩ、12 kΩ、20 kΩ 各一只，2 kΩ 三只；电解电容 10 μF/16 V 两只，47 μF/16 V 一只；插座板一块。

四、实训步骤

1.检查各元器件的参数是否正确，测量三极管的 β 值。

2.按图 2-34 所示电路，在插座板上接线；安装完毕后，应认真检查接线是否正确、牢固。

3.检查接线无误后接通 10 V 直流电源，用万用表直流挡测量静态工作点电压 U_{BQ}、U_{EQ}、U_{BEQ}、U_{CEQ}，并填于表 2-9 中。测量 R_c 两端电压，求得 I_{CQ}，也填于表 2-9 中。

表 2-9   静态工作点测量

方法	内容					
	V_{CC}/V	U_{BQ}/V	U_{EQ}/V	U_{BEQ}/V	U_{CEQ}/V	I_{CQ}/mA
理论估算值						
测量值						

4.测量电压放大倍数、输入电阻及输出电阻

将信号发生器输出信号调节到频率为 1 kHz、幅度为 50 mV 左右，接到放大器的输入端，然后用示波器观察输出电压 u_o 波形没有失真时，用交流毫伏表测量电压 U_s、U_i 和 U_o。断开 R_L 后测出输出电压 U'_o，均填于表 2-10 中，并根据有关公式计算出 A_u、r_i、r_o。并与理论估算值进行比较。

表 2-10   动态测量

U_s/mV	U_i/mV	U_o/V	U'_o/V	U_{om}/V

5.测量最大不失真输出电压幅度 U_{omax}

调节信号发生器的输出使 U_s 逐渐增大，用示波器观察输出电压的波形，直到输出波形刚要出现失真瞬间即停止增大 U_s，这时示波器所显示的正弦波电压幅度，即放大电路的最大不失真输出电压幅度，将该值记于表 2-10 中。然后继续增大 U_s，观察此时输出电压波形的变化。

五、整理报告要求

1.整理测试数据，分析静态工作点 A_u、r_i、r_o 的测量值与理论估算值存在差异的原因。

2.故障现象及其处理情况。

2.6.3 制作小功率三极管音频放大电路

一、实训目的

1.通过实训进一步加深对音频前置放大电路工作原理的理解。

2.初步掌握一般电路的焊接技术。

3.了解电路参数变化对放大器的影响及两种失真状态的判断方法。

二、实训器材

1.万用表。

2.音频放大电路套件。

3.电烙铁、松香、焊锡、镊子、尖嘴钳、剪线钳等组合工具一套。

三、实训内容与步骤

1.音频放大电路的组装

如图 2-35 所示为音频放大电路的原理图,按原理图在印制电路板上焊接好电路。

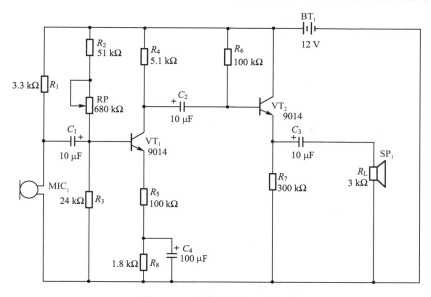

图 2-35 音频放大电路的原理图

如图 2-36 所示为对应的印制电路板图。焊接时应注意晶体管的管脚和电容的极性不能焊错。

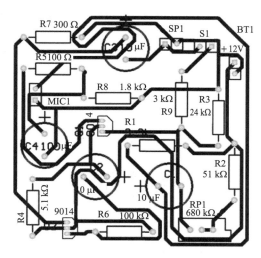

图 2-36 音频放大电路的印制电路板图

2.静态工作点的调试

首先对第一级放大电路静态工作点进行调试,步骤如下:

(1)调节直流稳压电源使输出电压为 12 V,将该电压作为电路电源 V_{CC},并接到组装好的实训印制电路板上。

（2）调节电路元件 RP_1，使 $U_{CE}=6$ V。

（3）用万用表测量 VT_1 和 VT_2 的各极电位。

3.观察无电压并联负反馈放大电路的性能

断开负载电阻 R_L 和反馈电阻 R_f，从输入端接 $f=1$ kHz、$U_i=20$ mV 的正弦波信号，用示波器观察放大器第一级和第二级的输出电压 u_{o1}、u_{o2} 的波形。

4.饱和失真和截止失真的测量及观察

增大输入信号 u_i 或调节电位器 RP_1，使输入信号进入饱和区和截止区，观察输出波形状态；并且测量两种状态时 U_{CEIQ} 的电压值，进一步理解放大器静态工作点选择的重要性，同时根据观察到的波形和 U_{CEIQ} 的测量值判断放大器的工作状态。

四、预习与思考题

1.熟悉单管放大电路，掌握不失真放大电路的调整方法。

2.熟悉两级阻容耦合放大电路静态工作点的调整方法。

3.当 C_1 或 C_2 开路后，会发生什么样的现象？

 ## 本 章 小 结

1.半导体三极管又称双极型晶体管，是一种电流控制型器件，它有三个工作区域：放大区、截止区和饱和区。三极管工作在放大区时必须满足：发射结正偏，集电结反偏。

2.放大器的分析包括静态分析和动态分析。静态分析是指对放大器的直流通路求 Q 点，看直流条件是否满足三极管的放大条件，一般常用估算法；动态分析是指通过放大器的交流通路求 A_u、r_i 和 r_o。看放大器对信号的放大能力，对小信号放大器一般采用微变等效法。

3.放大器静态工作点的稳定与否直接影响到放大器的性能，分压式偏置放大器是常用的工作点稳定电路。

4.三极管放大器有三种组态。共发射极放大器的电压和电流放大倍数都较大，应用广泛；共集电极放大器的输入电阻大、输出电阻小，电压放大倍数接近1，适用于信号的跟随。

5.场效应管放大器输入电阻很大。

6.场效应管共源极放大器（漏极输出）输入、输出反相，电压放大倍数大于1；输出电阻为 R_D。

7.场效应管源极跟随器输入、输出同相，电压放大倍数小于1且约等于1；输出电阻小。

自 我 检 测 题

一、选择题

1.基本放大电路中，经过晶体管的信号有_____。

A.直流成分　　　　　B.交流成分　　　　　C.交、直流成分均有

2.基本放大电路中的主要放大对象是_____。

A.直流信号　　　　　B.交流信号　　　　　C.交、直流信号均有

3.共发射极放大电路的反馈元件是_____。

A.电阻 R_b　　　　　B.电阻 R_c　　　　　C.电阻 R_e

4.当输入电压幅度一定,放大器空载时输出电压幅度为 U_{o1},带上负载后输出电压为 U_{o2},二者相比_____。

　A.$U_{o1} < U_{o2}$ 　　　　　B.$U_{o1} = U_{o2}$ 　　　　　C.$U_{o1} > U_{o2}$

5.NPN 管组成的基本放大器,R_b 增大,在伏安特性(输出回路)曲线上静态工作点将向_____移动。

　A.上　　　B.下　　　C.左　　　D.右下　　　E.右上　　　F.左下

6.PNP 管共射极放大器工作点接近截止区,出现_____失真。

　A.u_{ce} 上削顶　　　　　B.u_{ce} 下削顶　　　　　C.u_{ce} 上、下均削顶

7.NPN 管共射极放大器工作点接近饱和区,出现_____失真。

　A.u_{ce} 上削顶　　　　　B.u_{ce} 下削顶　　　　　C.u_{ce} 上、下均削顶

8.增大信号源内阻,则放大器输入电阻_____。

　A.增大　　　　　　　B.减小　　　　　　　C.不变

9.减小负载电阻,则放大器输出电阻_____。

　A.增大　　　　　　　B.减小　　　　　　　C.不变

二、判断题

1.晶体管的输入电阻 r_{be} 是一个动态电阻,故它与静态工作点无关。　　　　　(　　)

2.基本共射极放大电路,β 增加一倍,电压放大倍数也增大一倍。　　　　　(　　)

3.共集电极放大电路的电压放大倍数小于1,故不能用来实现功率放大。　　　(　　)

4.放大电路中的输入信号和输出信号的波形总是反相关系。　　　　　　　　(　　)

5.分压式偏置共发射极放大电路是一种能够稳定静态工作点的放大器。　　　(　　)

6.微变等效电路中不但有交流量,也有直流量。　　　　　　　　　　　　　(　　)

7.共集电极放大电路的输入信号与输出信号的相位相反。　　　　　　　　　(　　)

三、计算题

1.在如图 2-37 所示的分压式偏置共射极放大电路中,已知 $R_{b1} = 50$ kΩ,$R_{b2} = 20$ kΩ,$R_c = 5$ kΩ,$R_e = 2.7$ kΩ,$R_L = 5$ kΩ,$\beta = 50$,$V_{CC} = 12$ V,晶体管为硅管。

(1)估算静态工作点。

(2)计算电压放大倍数、输入电阻、输出电阻。

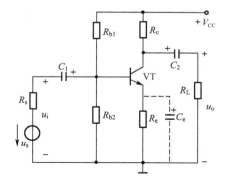

图 2-37　分压式偏置共射极放大电路(计算题1图)

2.在如图 2-38 所示的射极双电阻分压式偏置共射极放大电路中,已知 $R_{b1}=20$ kΩ, $R_{b2}=10$ kΩ, $R_c=2$ kΩ, $R_{e1}=100$ Ω, $R_{e2}=1.5$ kΩ, $R_L=2$ kΩ, $\beta=50$, $V_{CC}=12$ V,晶体管为硅管。

(1)估算静态工作点。

(2)画出微变等效电路。

(3)计算电压放大倍数、输入电阻、输出电阻。

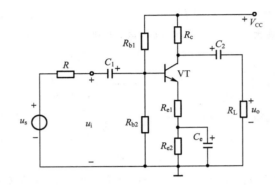

图 2-38　射极双电阻分压式偏置共射极放大电路(计算题 2 图)

集成运算放大器 第**3**章

理解集成运算放大器的基本构成,电路的结构特点;了解反馈的基本概念和反馈对放大电路的影响;掌握集成运算放大器工作在不同区域的特点及分析方法;熟悉常用集成运算放大器应用电路的性能及结构特点。

📖 **知识点**

● 集成运算放大器的组成、结构特点
● 反馈的基本概念和负反馈对放大电路的影响
● 集成运算放大器的理想化,线性、非线性区的特点
● 集成运算放大器的线性应用
● 集成运算放大器的非线性应用——电压比较器、非正弦信号产生电路

📢 **重点和难点**

● 反馈的基本概念和负反馈对放大电路的影响
● 集成运算放大器的线性应用
● 集成运算放大器的非线性应用——电压比较器、非正弦信号产生电路

3.1 **集成运算放大器的构成及特点**

问题的提出:目前的集成电路正在朝着超大规模的方向发展,如何利用集成电路实现比例、求和、微分、积分、对数、乘法和除法等运算呢?

3.1.1 集成运算放大器的结构和特点

在半导体制造工艺中,将整个电路(除去个别元件)做在一块半导体硅片上并能完成特定功能的电路称为集成电路。正是集成电路的出现和快速发展,使得电路的体积不断缩小,电路的成本不断降低,可靠性不断提高。集成电路的种类很多,一般可分为模拟集成电路和数字集成电路两大类。集成运算放大器是模拟集成电路的一个分支。

集成运算放大器(简称集成运放)一般是在一块厚约为 0.2 mm 的硅片上,经过氧化、光刻、扩散、外延、蒸铝等工艺,将多级放大器中的晶体管、电阻、导线等集成在一起,再引出电极进行封装制造而成。

集成运放的封装多采用塑封,其外形通常有扁平、双列直插、单列直插和圆壳式。如图 3-1 所示。

图 3-1　集成运放的封装

　　集成运放的符号如图 3-2 所示。图 3-2(a)为国家标准符号,图 3-2(b)为常用符号。为了便于计算机仿真,我们仍采用常用符号。

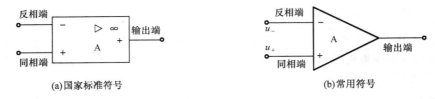

(a)国家标准符号　　　　　　　　(b)常用符号

图 3-2　集成运放的符号

　　虽然符号只有三个端,但并不意味着集成运放的外部仅有三个管脚。实际上集成运放的外部管脚应该有输入端、输出端、接地、接电源的管脚和外接元件的管脚等,根据电路的功能和复杂程度的不同,管脚的个数也各有不同。之所以在符号中只给出三个端,是因为其他端对分析运算关系没有影响。符号中给出的三个端为:两个输入端,一个输出端。标正号的为同相输入端,标负号的为反相输入端。当信号从同相输入端输入时,输出信号与输入信号同相;当信号从反相输入端输入时,输出信号与输入信号反相。

3.1.2　集成运算放大器的构成

　　集成运放是高增益的直接耦合放大器,它至少由四部分组成,其组成框图如图 3-3 所示。

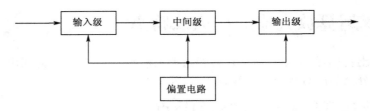

图 3-3　集成运放的组成框图

　　各组成部分的作用及特点如下:

一、输入级

　　集成运放的输入级对集成运放的输入电阻、共模抑制比、共模输入电压、差模输入电压等几项指标起着关键的作用。而差分放大器在输入电阻、共模抑制比等综合性能上有着极大的优势,因而输入级大都采用差分放大器。

二、中间级

　　中间级的主要作用是为电路提供足够大的电压增益,多采用共射放大电路。同时,为了提高电压增益,采用恒流源做放大器的负载。

三、输出级

输出级的主要作用是提供足够的输出电流和功率以满足负载的需要。电路应具有较高的输入电阻以减小对前级电路的影响。电路应具有较低的输出电阻,使电路具有较强的带负载能力。电路形式多为互补对称功率放大电路。

四、偏置电路

偏置电路的主要作用是为各部分提供稳定的、合适的偏置电流,以确保各部分有合适的静态工作点。电路形式为恒流源电路。

【想一想】集成运放与分立元件相比,有何优点? 其组成是怎样的?

3.1.3　理想运算放大器

一、理想运算放大器的技术指标

由集成运放的构成可以看到其各部分组成比较合理,性能指标较为理想。为了简化分析过程,常常将集成运放做理想化处理,如图 3-4 所示。其理想条件是:

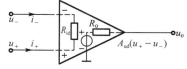

图 3-4　集成运放的等效电路

(1)开环差模电压增益 $A_{ud} = \infty$;
(2)开环差模输入电阻 $R_{id} = \infty$;
(3)开环输出电阻 $R_o = 0$。

理想运放特性应用(虚短与虚断)

二、理想运算放大器工作在线性区的特点

1.虚短

理想集成运放工作在线性区是指输出电压与输入电压为线性关系。由图 3-4 可得到

$$u_o = A_{ud}(u_+ - u_-) \tag{3-1}$$

式中,A_{ud} 为开环差模电压增益,u_+ 及 u_- 分别为同相和反相输入端的电位。由理想集成运放的技术指标可知,开环差模电压增益 $A_{ud} = \infty$,故有

$$u_+ - u_- = \frac{u_o}{A_{ud}} = 0$$

则可得到

$$u_+ = u_- \tag{3-2}$$

上式表明:同相输入端与反相输入端电压相等,如同将同相输入端与反相输入端两点短路一样。但这样的短路是虚假的短路,并不是真正的短路,所以把这种现象称为"虚短"。

2.虚断

由于理想运放的开环输入电阻 $r_{id} = \infty$,所以它不向信号源索取电流,两个输入端都没有电流流入集成运放,即

$$i_+ = i_- = 0 \tag{3-3}$$

此时,同相输入端和反相输入端电流都等于零,如同两点断开一样。而这种断开也不是真正的断路,所以把这种现象称为"虚断"。

"虚短"和"虚断"是理想运算放大器工作在线性区的两个重要特点。将这两个特点运用到集成运放线性应用时会简化分析和计算,且误差不是很大,满足工程应用的要求。

三、理想运算放大器工作在非线性区的特点

在非线性区,输出电压不再随输入电压线性增长,而是达到极限值。表示输出电压与输入电压的关系曲线称为传输特性曲线,如图 3-5 所示。实线为理想特性,虚线为实际集成运放的传输特性。$u_{id}=u_+-u_-$,线性区越窄就越接近理想运放。

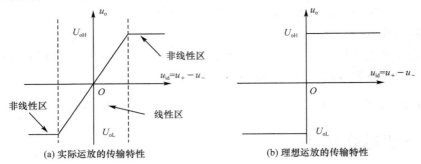

(a) 实际运放的传输特性　　　　(b) 理想运放的传输特性

图 3-5　集成运放的传输特性

理想运算放大器工作在非线性区时也有两个重要特点:

1.理想运放的输出电压达到极限值

当 $u_+>u_-$ 时,$u_o=U_{oH}$(最大值)

当 $u_+<u_-$ 时,$u_o=U_{oL}$(最小值)

在非线性区工作时,输出电压只有最大值和最小值两种极限情况。这两种情况取决于同相输入端与反相输入端电压的比较,因而"虚短"不再适用。

2.理想运放的输入电流等于零

由于理想运放的输入电阻 $r_{id}=\infty$,尽管"虚短"不再适用,仍可认为此时输入电流为零,即"虚断"依然适用。

3.2　运算放大器中的反馈

问题的提出:在放大器中,特别在由集成运算放大器组成的放大器中,几乎都要引入负反馈。那么什么是负反馈?负反馈给放大器带来了什么好处呢?

一、反馈的基本概念

将放大电路输出端的电压或电流,通过一定的方式返回到放大器的输入端,并对输入端产生作用,称为反馈。

引入反馈后,整个系统构成了一个闭环系统。反馈放大电路的方框图如图 3-6 所示。图中,X_i、X_o 和 X_f 分别表示放大器的输入、输出和反馈信号。

引入反馈后,放大器的输入端同时受输入信号和反馈信号的作用。图 3-6 中的 X_d 就是 X_i 和 X_f 代数和后的基本放大器得到的净输入信号。引入反馈后,电路中增加了反馈网络。为了区别,把未接反馈网络的放大器称为基本放大器,而把包括反馈网络在内的整个系统称为反馈放大器。

二、反馈的分类

1.直流反馈与交流反馈

直流反馈——若电路将直流量反馈到输入回路,则称为直流反馈。电路引入直流反

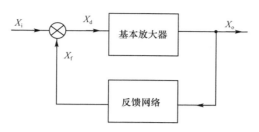

图 3-6　反馈放大器方框图

馈的目的是为了稳定静态工作点 Q。

交流反馈——若电路将交流量反馈到输入回路,则称为交流反馈(如去掉图 2-14 中的电容 C_e)。交流反馈影响电路的交流工作性能。

2.负反馈与正反馈

负反馈——输入量不变时,引入反馈后使净输入量减小,放大倍数减小。

正反馈——输入量不变时,引入反馈后使净输入量增加,放大倍数增加。

3.电压、电流反馈及其判别

根据反馈信号从输出端的取样对象(取自放大电路输出端的哪一种电量)来分类,可以分为电压反馈和电流反馈。如果反馈信号取自输出电压,即反馈信号与输出电压成正比,则称为电压反馈;如果反馈信号取自输出电流,即反馈信号与输出电流成正比,则称为电流反馈。因此,其判定的关键是识别是电压取样还是电流取样,方法为:将输出端短路,若反馈信号不存在,为电压反馈;若反馈信号仍然存在,则为电流反馈。

4.串联、并联反馈及其判别

根据反馈信号与输入信号在放大电路输入回路中求和的形式不同,可将反馈分为串联反馈和并联反馈。若反馈信号与输入信号串联,以电压形式相叠加,即净输入信号＝输入电压－反馈电压,则为串联反馈;若反馈信号与输入信号并联,以电流形式相叠加,即净输入信号＝输入电流－反馈电流,则为并联反馈。

三、负反馈放大器的四种组态

电压串联负反馈,如图 3-7(a)所示。电压并联负反馈,如图 3-7(b)所示。

电流串联负反馈,如图 3-7(c)所示。电流并联负反馈,如图 3-7(d)所示。

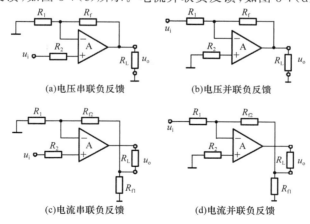

(a)电压串联负反馈　　　　(b)电压并联负反馈

(c)电流串联负反馈　　　　(d)电流并联负反馈

图 3-7　负反馈放大器的四种类型

四、负反馈对放大电路性能的影响

从反馈放大电路的一般表达式可知,电路中引入负反馈后其增益下降,但放大电路的其他性能会得到改善,如提高放大倍数的稳定性、减小非线性失真、扩展通频带、改变输入电阻和输出电阻等。

1.提高放大倍数的稳定性

闭环放大电路增益的相对变化量是开环放大电路增益的相对变化量的$(1+AF)$分之一。即负反馈电路的反馈越深,放大电路的增益就越稳定。

2.减小非线性失真

三极管是一个非线性器件,放大器在对信号进行放大时,不可避免地会产生非线性失真。假设放大器的输入信号为正弦信号,没有引入负反馈时,开环放大器会产生如图 3-8(a)所示的非线性失真,即输出信号的正半周幅度变大,而负半周幅度变小。

现在引入负反馈,假设反馈网络为不会引起失真的线性网络,则反馈回的信号同输出信号的波形一样。反馈信号在输入端与输入信号相比较,使净输入信号 $X_{id}=(X_i-X_f)$ 的波形正半周幅度变小,而负半周幅度变大,如图 3-8(b)所示。经基本放大电路放大后,输出信号为正、负半周趋于对称的正弦波,从而减小了非线性失真。

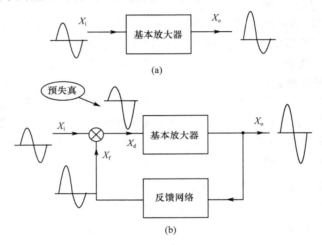

图 3-8 引入负反馈减小失真

3.扩展通频带

频率响应是放大电路的重要特性之一。在多级放大电路中,级数越多,增益越大,频带越窄。引入负反馈后,可有效地扩展放大电路的通频带。

如图 3-9 所示为放大器引入负反馈后通频带的变化。根据上、下限频率的定义,从图中可见,放大器引入负反馈以后,其下限频率降低,上限频率升高,通频带变宽。

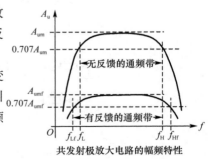

共发射极放大电路的幅频特性

图 3-9 放大电路的通频带

4.改变输入电阻和输出电阻

（1）负反馈对放大电路输入电阻的影响

串联负反馈使放大电路的输入电阻增大，而并联负反馈使输入电阻减小。

（2）负反馈对放大电路输出电阻的影响

电压负反馈使放大电路的输出电阻减小，而电流负反馈使输出电阻增大。

五、放大电路引入负反馈的一般原则

（1）要稳定放大电路的静态工作点 Q，应该引入直流负反馈。

（2）要改善放大电路的动态性能（如增益的稳定性、稳定输出量、减小失真、扩展通频带等），应该引入交流负反馈。

（3）要稳定输出电压，减小输出电阻，提高电路的带负载能力，应该引入电压负反馈。

（4）要稳定输出电流，增大输出电阻，应该引入电流负反馈。

（5）要提高电路的输入电阻，减小电路向信号源索取的电流，应该引入串联负反馈。

（6）要减小电路的输入电阻，应该引入并联负反馈。

3.3 集成运放的线性应用

问题的提出：集成运放在信号处理中主要用于反相比例放大、同相比例放大、加法运算、减法运算、积分运算等方面。如何进行电路分析呢？

集成运放在信号处理时，多为线性应用。集成运放在作线性应用时，为实现不同功能，通常工作在负反馈闭环状态下，即在输出端与输入端之间加一定的负反馈，使输出电压与输入电压成一定的运算关系。

3.3.1 反相比例放大器

一、电路构成

反相比例放大器如图 3-10 所示。输入信号 u_i 经过电阻 R_1 加到反相输入端，同相输入端经 R_2 到地。R_2 称为平衡电阻，R_1 和 R_f 构成反馈网络。反馈组态为电压并联负反馈。平衡电阻 R_2 的取值为

$$R_2 = R_1 /\!/ R_f \tag{3-4}$$

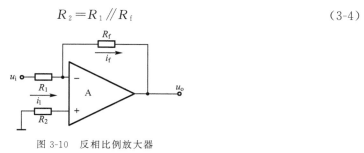

图 3-10 反相比例放大器

二、性能分析

1.电压增益

由理想集成运放在线性应用时的两个重要特点"虚短"和"虚断"，可以得到

$$u_+ = u_- = 0; \quad i_1 = i_f$$

63

而
$$i_1 = \frac{u_i}{R_1}; \quad i_f = \frac{u_- - u_o}{R_f}$$

所以
$$u_o = \frac{R_f}{R_1} u_i \qquad (3\text{-}5)$$

则可以得到电压增益为
$$A_u = -\frac{R_f}{R_1} \qquad (3\text{-}6)$$

显然,输出信号与输入信号成比例关系,负号表明输出电压与输入电压反相。式(3-6)说明电压增益只与两个外接电阻有关,与运放本身的参数无关,故其精度和稳定度都是很高的。

2.输入电阻

由于电路是并联负反馈组态,使放大器输入电阻减小。
$$r_i = \frac{u_i}{i_1} = R_1 \qquad (3\text{-}7)$$

3.输出电阻

理想集成运放的开环输出电阻 $r_o = 0$。实际上,集成运放的输出电阻很小,又引入了电压负反馈,所以带负载能力很强。

这种电路的优点是同相输入端和反相输入端上的电压都基本等于零。集成运放承受的共模输入电压很低,因此该电路对运放的共模抑制比要求不高。

三、反相比例放大器的仿真

运用 Multisim 10 仿真软件,对反相比例放大器进行仿真,仿真电路如图 3-11 所示。双击示波器图标,调整:X 轴扫描为 1 ms/Div,A 通道 Y 轴幅度为 20 mV/Div,B 通道 Y 轴幅度为 100 mV/Div。打开仿真电源开关,即可观察输入、输出信号的反相关系,同时从波形幅度和通道增益可以看出其倍数关系,放大倍数还可以用交流电压表测量。

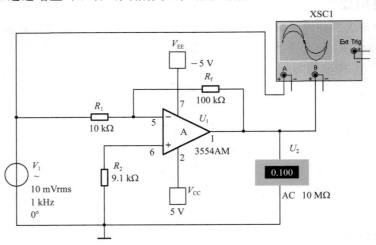

图 3-11 反相比例放大器的仿真电路

仿真结果显示:若 $R_f = 100$ kΩ,$R_1 = 10$ kΩ 时,电压放大倍数为 10,与式(3-6)的结果完全吻合。

3.3.2 同相比例放大器

一、电路构成

同相比例放大器如图 3-12 所示,与反相比例放大器的区别是信号输入端与接地端交换位置。R_1 和 R_f 构成反馈网络,反馈组态为电压串联负反馈。平衡电阻 R_2 的取值同式(3-4)。

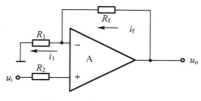

图 3-12　同相比例放大器

二、性能分析

1.电压增益

集成运放工作在线性区,因而满足"虚短"和"虚断"的条件。有

$$u_- = u_+ = u_i; \quad i_1 = i_f$$

因为

$$i_1 = \frac{u_-}{R_1}; \quad i_f = \frac{u_o - u_-}{R_f} = \frac{u_o}{R_f}$$

所以

$$u_o = 1 + \frac{R_f}{R_1} \tag{3-8}$$

可以得到

$$A_u = 1 + \frac{R_f}{R_1} \tag{3-9}$$

式(3-9)表明输出电压与输入电压成比例。由于信号是从同相输入端输入的,所以,电压增益为正值。与反相比例放大器类似,其值仅由电阻 R_1 和 R_f 来决定。

若使 $R_1 = \infty$,$R_f = 0$,则电压增益

$$A_u = 1$$

电路如图 3-13 所示,称为电压跟随器。电压跟随器的特性与射极输出器的特性极为相似,在多级集成运放电路中,既可以做隔离级,也可以做输出级。

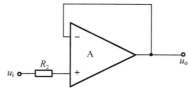

图 3-13　电压跟随器

2.输入电阻

由于电路是串联负反馈组态,所以同相比例放大器输入电阻高。

3.输出电阻

输出电阻与反相比例放大器一样。

三、同相比例放大器电路的仿真

运用 Multisim 10 仿真软件,对同相比例放大器进行仿真,仿真电路如图 3-14 所示。双击示波器图标,调整:X 轴扫描为 1 ms/Div,A 通道 Y 轴幅度为 20 mV/Div,B 通道 Y 轴幅度为 100 mV/Div。打开仿真电源开关,即可观察输入、输出信号的同相关系,同时从波形幅度和通道增益还可以看出其倍数关系,放大倍数还可以用交流电压表测量。

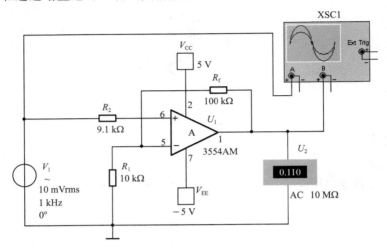

图 3-14　同相比例放大器的仿真电路

仿真结果显示:电压放大倍数为 11,与式(3-9)的结果完全吻合。

3.3.3　反相加法电路

一、电路构成

反相加法电路如图 3-15 所示,该电路是三个电压的和。它是在反相比例电路的基础上增加了若干输入回路,电阻 R_f 引入了负反馈。平衡电阻 R_4 的取值为

$$R_4 = R_1 /\!/ R_2 /\!/ R_3 /\!/ R_f \tag{3-10}$$

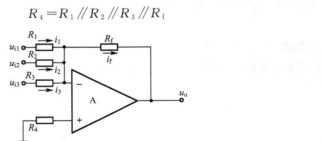

图 3-15　反相加法电路

二、输出电压与输入电压的关系

运放工作在线性区,因而满足"虚短"和"虚断"的条件。有

$$u_- = u_+ = 0; \quad i_f = i_1 + i_2 + i_3 = \frac{u_{i1}}{R_1} + \frac{u_{i2}}{R_2} + \frac{u_{i3}}{R_3}; \quad i_f = \frac{u_- - u_o}{R_f}$$

由此可得

$$u_o = -R_f\left(\frac{u_{i1}}{R_1} + \frac{u_{i2}}{R_2} + \frac{u_{i3}}{R_3}\right) \tag{3-11}$$

反相加法电路的输出电压与集成运放本身的参数无关。只要外加电阻精度足够高，就可以保证加法运算的精度和稳定度。该电路的优点是：改变某一输入回路的电阻值时，只需改变该支路输入电压与输出电压之间的比例关系，而对其他支路没有影响，因此调节时比较灵活方便。另外，由于同相输入端与反相输入端"虚短"，所以在选用集成运放时，对其最大共模输入电压的指标要求不高，在实际工作中，反相加法电路得到广泛的应用。

【例题 3-1】 用集成运放设计一个能实现 $u_o = -(4u_{i1} + 3u_{i2} + 2u_{i3})$ 的加法电路。

解 这是一个反相加法运算，电路如图 3-15 所示。

根据式(3-11)有

$$u_o = -R_f\left(\frac{u_{i1}}{R_1} + \frac{u_{i2}}{R_2} + \frac{u_{i3}}{R_3}\right)$$

则

$$\frac{R_f}{R_1} = 4; \quad \frac{R_f}{R_2} = 3; \quad \frac{R_f}{R_3} = 2$$

若取 $R_f = 60 \text{ k}\Omega$，则 $R_1 = 15 \text{ k}\Omega$，$R_2 = 20 \text{ k}\Omega$，$R_3 = 30 \text{ k}\Omega$。

三、反相加法电路的仿真

运用 Multisim 10 仿真软件，对反相加法电路进行仿真，仿真电路如图 3-16 所示。打开仿真电源开关，输出电压表的读数约为输入电压之和，但相位相反。

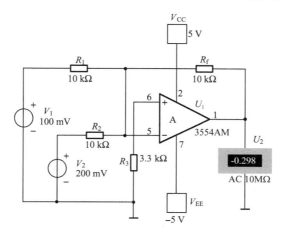

图 3-16　反相加法电路的仿真

3.3.4　减法运算电路

一、单运放减法运算电路

1.电路构成

以两个信号相减为例，电路如图 3-17 所示，输入信号同时从反相输入端和同相输入端输入。电阻 R_f 引入负反馈，电路依然工作在线性区。

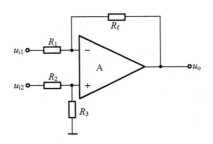

图 3-17　单运放减法运算电路

2.输出电压与输入电压的关系

根据叠加定理,当线性电路有两个或两个以上输入信号时可以采用叠加定理进行分析。即每次只分析一个信号源单独作用时所产生的结果,然后将所有信号源单独作用时产生的结果进行相加。对于不作用的信号源,电压源相当于短路,电流源相当于开路。

利用叠加法进行分析,先考虑 u_{i1} 作用时产生的输出信号,此时 u_{i2} 做短路处理。则电路相当于前面分析的反相比例电路,可以得到

$$u_o' = -\frac{R_f}{R_1}u_{i1} \tag{3-12}$$

再分析 u_{i2} 作用时产生的输出信号,将 u_{i1} 做短路处理。则电路相当于同相比例电路,有

$$u_- = u_+ = \frac{R_1}{R_f + R_1}; \quad u_o'' = \frac{R_3}{R_2 + R_3}u_{i2}$$

$$u_o'' = (1 + \frac{R_f}{R_1})\frac{R_3}{R_2 + R_3}u_{i2} \tag{3-13}$$

输出电压为两次分析的总和,则

$$u_o = u_o' + u_o'' = -\frac{R_f}{R_1}u_{i1} + (1 + \frac{R_f}{R_1})\frac{R_3}{R_2 + R_3}u_{i2} \tag{3-14}$$

若取电阻对称,即 $R_1 = R_2$,$R_3 = R_f$,则

$$u_o = \frac{R_f}{R_1}(u_{i2} - u_{i1}) \tag{3-15}$$

二、双运放加减法电路

采用双运放进行加、减法运算十分方便,应用比较广泛。

1.电路构成

电路由两级集成运放构成,两级同为反相加法电路,电路如图 3-18 所示。以三个信号进行加、减运算为例。

2.输出电压与输入电压的关系

只要利用前面推出的式(3-11)即可。

$$u_{o1} = -R_{f1}(\frac{u_{i1}}{R_1} + \frac{u_{i2}}{R_2}) \tag{3-16}$$

$$u_o = -R_{f2}(\frac{u_{i3}}{R_3} + \frac{u_{o1}}{R_4}) = -\frac{R_{f2}}{R_3}u_{i3} + \frac{R_{f1}R_{f2}}{R_4}(\frac{u_{i1}}{R_1} + \frac{u_{i2}}{R_2}) \tag{3-17}$$

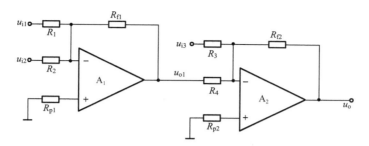

图 3-18　双运放加减法电路

3.3.5　积分电路

一、电路构成

用电容 C 取代反相比例电路中的反馈电阻 R_f，便构成积分电路。如图 3-19 所示，输入电压通过电阻 R_1 接到集成运放的反相输入端，在输出端与反相输入端之间通过电容 C 引回一个负反馈。在同相输入端与地之间接有平衡电阻 R_2。

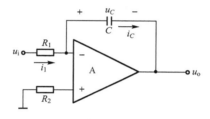

图 3-19　积分电路

二、输出电压与输入电压的关系

由"虚短"得到

$$u_- = u_+ = 0$$

流过电阻 R_1 的电流为

$$i_1 = \frac{u_i}{R_1}$$

流过电容的电流为

$$i_C = C\frac{\mathrm{d}u_C}{\mathrm{d}t} = -C\frac{\mathrm{d}u_o}{\mathrm{d}t}$$

由"虚断"得到

$$i_C = i_1$$

$$u_o = -\frac{1}{R_1C}\int u_i \mathrm{d}t \tag{3-18}$$

式(3-18)是假设电容上的初始电压为零时得到的。若电容上有初始电压，则

$$u_o = -\frac{1}{R_1C}\int u_i \mathrm{d}t - u_C(0) = -\frac{1}{R_1C}\int u_i \mathrm{d}t + u_o(0) \tag{3-19}$$

69

【例题 3-2】　由集成运放构成的积分电路如图 3-19 所示,输入信号波形如图 3-20 所示,若 $R_1 = 10\text{ k}\Omega$;$C = 0.1\ \mu\text{F}$,电容上的初始电压为零,试画出输出电压的波形。

解　由式(3-19)有

$$u_\circ = -\frac{1}{R_1 C}\int u_i \mathrm{d}t - u_C(0) = -\frac{1}{R_1 C}\int u_i \mathrm{d}t + u_\circ(0)$$

$$u_\circ = -10^3 \int u_i \mathrm{d}t$$

输入信号为方波,其输入、输出波形如图 3-20 所示。

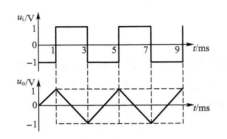

图 3-20　积分电路输入、输出波形

三、积分电路的仿真

运用 Multisim 10 仿真软件对积分电路进行仿真,仿真电路如图 3-21 所示。

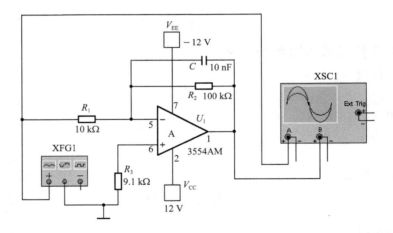

图 3-21　积分电路的仿真

双击信号发生器图标,选定方波信号,频率为 1 kHz,幅度为 5 V。双击示波器图标,调整:X 轴扫描为 500 μs/Div,A 通道 Y 轴幅度为 5 V/Div,B 通道 Y 轴幅度为 10 V/Div。打开仿真电源开关,即可观察到输出信号变成三角波,积分电路的仿真结果如图 3-22 所示。

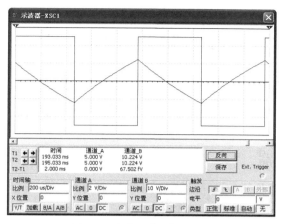

图 3-22 积分电路的仿真结果

3.3.6 微分电路

一、电路构成

积分与微分互为逆运算,将积分电路中反馈支路的电容与输入端的电阻交换位置即可实现逆运算。微分电路如图 3-23 所示。平衡电阻 R_2 的取值同积分电路。

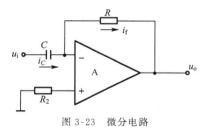

图 3-23 微分电路

二、输出电压与输入电压的关系

由"虚短"得到

$$u_- = u_+ = 0$$

$$i_C = C \frac{\mathrm{d}u_C}{\mathrm{d}t} = C \frac{\mathrm{d}u_i}{\mathrm{d}t}$$

$$i_f = \frac{-u_o}{R}$$

由"虚断"得到

$$i_f = i_C$$

$$u_o = -RC \frac{\mathrm{d}u_i}{\mathrm{d}t} \tag{3-20}$$

【想一想】在集成运放线性应用时,要用到哪两个特点?

3.4 集成运算放大器的非线性应用

问题的提出:当集成运放工作在非线性区时,输出只有两种状态。此时,运放大多处于开环或正反馈的状态。集成运放是如何应用非线性特性来进行电压比较和产生非正弦波形的呢?

3.4.1 电压比较器

电压比较器的功能是比较两个输入端的电压 u_+ 和 u_-。当 $u_+ > u_-$ 时,输出为高电平;当 $u_- > u_+$ 时,输出为低电平。所以根据电压比较器的输出状态,就能判断出输入端两个电压之间的大小关系。电压比较器的种类很多,下面介绍几种比较具有代表性的电压比较器。

简单电压比较器如图 3-24 所示,电路处于开环状态。

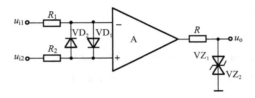

过零电压比较器

图 3-24　简单电压比较器

输入端两个二极管的作用是将反相输入端与同相输入端之间的电压限制在二极管的管压降上,防止过大的输入电压将集成运放损坏。输出端双向稳压管的作用是使输出电压被限制在稳压管的双向稳压值上,以免输出电压受电源电压和其他不稳定因素的影响。无论输出电压是正值还是负值,总有一个稳压管工作于稳压状态。电阻 R 为稳压管的限流电阻,使稳压管工作在正常的稳压状态。

其工作原理是:在二极管没导通时,根据"虚断"有

$$u_- = u_{i1}; \quad u_+ = u_{i2}$$

在忽略稳压管的正向管压降时

$$当\ u_{i1} > u_{i2}\ 时 \quad u_o = -U_Z \tag{3-21}$$

$$当\ u_{i1} < u_{i2}\ 时 \quad u_o = U_Z \tag{3-22}$$

输出电压翻转时,输入电压的大小称为门限电平,用 U_{th} 来表示。若两个输入信号中有一个为零,则另一个输入信号与零电位进行比较。使输出电压翻转的是零电位,则门限电压为零电平,称之为过零电压比较器。若同相输入端接地,则电路称为反相过零电压比较器;若反相输入端接地,则电路称为同相过零电压比较器。简单电压比较器的传输特性如图 3-25 所示。

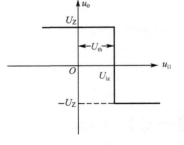

图 3-25　简单电压比较器的传输特性

从上面的分析可以得出,电压比较器能甄别输入信号的大小和极性。它多用于报警电路、自动控制、测量电路、信号处理、波形变换等方面。

3.4.2　滞回比较器

问题的提出:简单电压比较器电路简单,灵敏度较高,但抗干扰能力很差。若输入信号处于门限电压附近,当有零点漂移或噪声干扰时,会造成电路的误翻转。如何提高电压比较器的抗干扰能力呢?

如果在电路中引入正反馈,形成滞回特性,则可以大大提高电压比较器的抗干扰能力。同时,缩短运放经过线性区的时间,加速电路的翻转。信号从反相输入端输入,为反相滞回比较器。电路如图 3-26 所示,其中 U_R 为参考电压,该电路的同相输入端电压 u_+ 由 u_o 和 U_R 共同决定,根据叠加定理和理想运放的"虚断"有

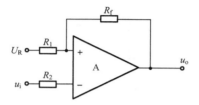

微课

滞回比较器

图 3-26　滞回比较器

$$u_+ = \frac{R_1}{R_1 + R_f} u_o + \frac{R_f}{R_1 + R_f} U_R$$

设输出电压的高电平为 U_{oH},低电平为 U_{oL},由理想运放的"虚短"有 $u_+ = u_-$,可以推出使电路翻转的两个门限电平为

$$U_{th1} = \frac{R_1}{R_1 + R_f} U_{oH} + \frac{R_f}{R_1 + R_f} U_R \qquad (3-23)$$

$$U_{th2} = \frac{R_1}{R_1 + R_f} U_{oL} + \frac{R_f}{R_1 + R_f} U_R \qquad (3-24)$$

对应于 U_{oH} 有高门限电平 U_{th1};对应于 U_{oL} 有低门限电平 U_{th2}。

其工作原理是:当输入信号很小的时候,$u_+ > u_-$,输出电压为高电平 U_{oH},$u_+ = U_{th1}$;当输入信号增大到大于 U_{th1} 时,电路翻转为低电平 U_{oL},此时,$u_+ = U_{th2}$。输入信号继续增大,输出电压将保持低电平不变。

若输入信号减小,一直减到 $u_i < U_{th2}$,输出电压再次翻转为高电平 U_{oH};输入信号继续减小,输出电压将保持高电平不变。其传输特性如图 3-27 所示。

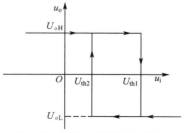

图 3-27　滞回比较器的传输特性

滞回比较器的特点是：当输入信号发生变化且通过门限电平时，输出电压会发生翻转，门限电平也会随之变换到另一门限电平。当输入电压反向变化而通过导致刚才那一瞬间的门限电平时，输出不发生翻转，直到 u_i 继续变化到另一个门限电平时，电路才发生翻转，出现转换迟滞。只要干扰信号不超过门限宽度，电路就不会误翻转。滞回比较器常用来对变化缓慢的信号进行整形。

$U_{th1} - U_{th2}$ 称为回差电压。

【例题 3-3】 滞回比较器电路如图 3-26 所示，输入信号如图 3-28 所示，试画出输出电平的波形。

解 输出电压的波形如图 3-28 所示。从波形看，在两个门限电平之间的变化量对输出波形没有影响，因而滞回比较器的抗干扰能力很强。

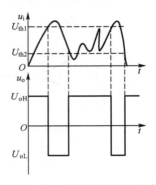

图 3-28　输入信号与输出电压的波形

3.4.3　窗口比较器

简单电压比较器和滞回比较器的共同特点是：输入信号单向变化时，输出电压只能跳变一次，故只能鉴别一个电平。窗口比较器可以鉴别输入信号是否在两个电平之间，窗口比较器电路及传输特性如图 3-29(a)、图 3-29(b)所示。

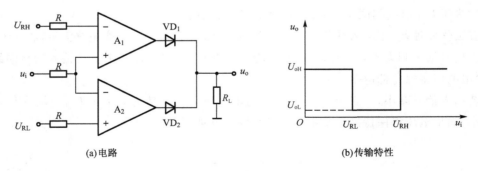

(a)电路　　　　　　　　　　　　　　　　(b)传输特性

图 3-29　窗口比较器电路及传输特性

电路由两个简单电压比较器构成。U_{RH}、U_{RL} 分别为高参考电平和低参考电平。二极管起到隔离输出端和集成运放之间的直接联系的作用。R_L 为限流电阻。

电路的工作原理为：

（1）当输入信号 u_i 低于低参考电平 U_{RL} 时，运放 A_1 输出低电平，二极管 VD_1 截止；A_2 输出高电平，二极管 VD_2 导通，输出电压为高电平。

（2）当输入信号 u_i 界于 U_{RH}、U_{RL} 之间时，A_1、A_2 均输出低电平，二极管 VD_1、VD_2 均截止，输出电压为低电平。

（3）当输入信号 u_i 高于高参考电平 U_{RH} 时，A_2 输出低电平，二极管 VD_2 截止；A_1 输出高电平，二极管 VD_1 导通，输出电压为高电平。

可见窗口比较器具有在输入信号单向变化（单调增或减）时输出电压跳变两次的特点。有些电路，要求电压工作在某个范围内，既不能超出上限又不能低于下限，窗口比较器利用自身的特点可以用来做电压监测电路。实际使用时，只要在输出端加上发光管就可以做报警或监测电路了。

【想一想】电压比较器的工作原理是什么？

3.5 实 训

3.5.1 由集成运算放大器构成的反相比例放大电路实训

一、实训目的

熟悉集成运放的使用方法。掌握常用仪器的使用及电路输出电压、输入输出电阻和带宽的测试方法。了解电路自激振荡的排除。

二、实训电路

电路如图 3-30 所示。集成运放采用 LM324，LM324 是一个四运放电路，其管脚排列如图 3-31（b）所示。电阻 R_2、R_3 为电路的偏置电阻，与电阻 R_2 并联的电容 C_2 为消振电容，输入、输出端的电容 C_1、C_3 为耦合电容。

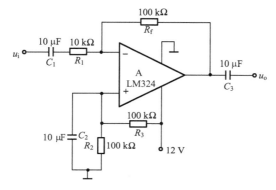

图 3-30 反相比例放大电路

三、LM324 简介

集成运放 LM324 采用 14 脚双列直插塑料封装,外形如图 3-31(a)所示。它的内部包含四组形式完全相同的运算放大器,除电源共用外,四组运放相互独立。每一组运算放大器有 3 个引出脚,其中"+""-"为两个信号输入端,"u_o"为输出端。LM324 的管脚排列如图 3-31(b)所示。由于 LM324 四运放电路具有电源电压范围宽、静态功耗小、可单电源使用、价格低廉等优点,所以被广泛应用在各种电路中。

(a) LM324 外形 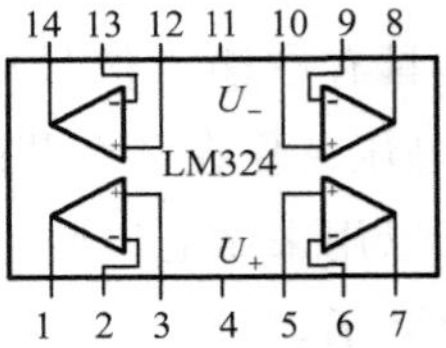   (b) LM324 管脚图

图 3-31　LM324 外形和管脚图

四、实训器材

1.直流稳压电源。

2.低频信号发生器。

3.毫伏表。

4.示波器。

五、实训步骤

1.按电路图连接好,将 12 V 电源接到管脚 4,管脚 11 接地。

2.将低频信号发生器的输出电压调至 20 mV,频率为 1 kHz,测量输出电压的大小_____及波形_____。

3.测量输入电阻 r_i _____。

4.测量输出电阻 r_o _____。

5.测量频带宽度_____。

六、思考题

将以上测量结果与理论分析进行比较。

3.5.2　实训过压和欠压报警器

一、任务

正常时电网电压为 220 V。过压和欠压报警器是指:当电网电压超过 250 V(上限),或低于 190 V(下限)时,就产生报警信号。

二、参考电路

用集成运放 LM324 制作一个"窗口"电压比较器,参考电路如图 3-32 所示。将 220 V、50 Hz 的交流电转换成直流电,加到比较器的输入端电压 u_i,为电网电压转换后的直流电。电网电压正常时,输入端的直流电压为 6 V。

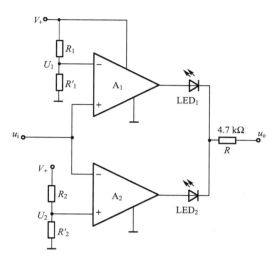

图 3-32 过压和欠压报警器电路

"窗口"的上限参考电压为 6.6 V,下限参考电压为 5.4 V。电阻 R_1、R'_1 组成分压电路,为 A_1 设定上限参考电压 U_1,同理 R_2、R'_2 为 A_2 设定下限参考电压 U_2。输入电压同时加到 A_1 的同相端和 A_2 的反相端。当 u_i 大于 U_1 时,A_1 输出高电平,LED_1 亮;当 u_i 小于 U_2 时,A_2 输出高电平,LED_2 亮。若选择 u_i 大于 U_2,小于 U_1,则 A_1、A_2 均输出低电平,两个 LED 均暗。

三、电路的仿真调试

在完成电路的初步设计后,再对电路进行仿真调试,目的是为了观察和测量电路的性能指标并调整部分元器件参数,从而达到各项指标的要求。

运用 Multisim 10 仿真软件对"窗口"电压比较器进行仿真,仿真电路如图 3-33 所示。

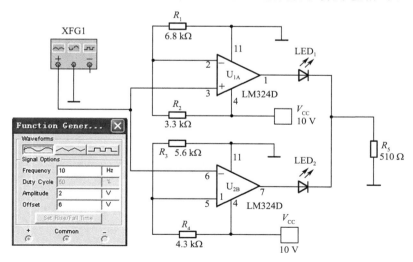

图 3-33 "窗口"电压比较器的仿真电路

1.在电子平台上放置 LM324D,选择 LED_1 为红色发光二极管,LED_2 为绿色发光二极管,其他元器件参数如图 3-33 所示。将虚拟函数信号发生器和虚拟示波器调出,放在电子平台上,按图 3-33 所示连好仿真电路。

2.双击虚拟函数信号发生器图标,打开它的放大面板,将它设置成 10 Hz、2 V 正弦波信号,位移电压为 6 V。打开仿真开关,看到红色和绿色发光二极管交替发光。

四、电路焊接与装配

1.元器件检测识别。

2.元器件管脚预处理。

3.基于 PCB 板的元器件焊接与电路装配。

五、实际电路测试

选择测量仪器仪表,对电路进行实际测量与调试。

六、编写设计报告和答辩

写出设计制作的全过程,附上有关图纸资料,以小组为单位完成答辩。

本 章 小 结

1.为简化分析,我们将集成运算放大器做理想化处理。

2.集成运算放大器有线性和非线性两种工作状态,也就有线性和非线性两方面的应用。工作在不同的状态,会有不同的特点。

3.集成运算放大器线性应用主要有:反相、同相比例电路,加法电路,减法电路,微积分电路等。

4.集成运算放大器非线性应用主要有电压比较器、信号产生电路等。

自 我 检 测 题

一、选择题

1.集成运算放大器在线性应用时,输入端"虚短"和"虚断"的概念是根据理想运算放大器满足_____条件推出的。

A.$K_{CMR} = \infty$ 和 $R_o = 0$ 　　　　　　B.$A_{ud} = \infty$ 和 $r_{id} = \infty$

C.$r_o = 0$ 和 $R_{id} = \infty$ 　　　　　　D.$A_{ud} = \infty$ 和 $K_{CMR} = \infty$

2.如图 3-34 所示电路,当 $R_1 = R_2 = R_3$ 时,u_o 为_____。

A.$-(u_{i1} + u_{i2})$ 　　　　　　B.$-(u_{i1} - u_{i2})$

C.$+(u_{i1} + u_{i2})$ 　　　　　　D.$+(u_{i1} - u_{i2})$

3.如图 3-35 所示电路,若输入电压 $u_i = -10$ mV,则 u_o 为_____mV。

A.-15　　　　　B.$+15$　　　　　C.-30　　　　　D.$+30$

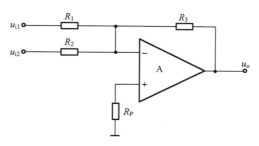

图 3-34 选择题 2 图

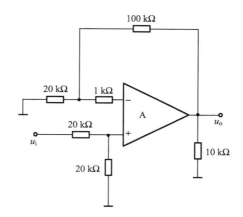

图 3-35 选择题 3 图

4.能将矩形波变成三角波的电路为_____。

A.比例运算电路   B.微分电路

C.积分电路   D.加法电路

5.电路如图 3-36 所示，u_o 与 u_i 的关系为_____。

A.$u_o = -u_i$ B.$u_o = u_i$

C.$u_o = -2u_i$ D.$u_o = 2u_i$

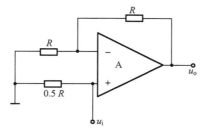

图 3-36 选择题 5 图

6.电路如图 3-37 所示，u_o 和 u_i 的关系为_____。

A.$u_o = -u_i$ B.$u_o = u_i$

C.$u_o = -\dfrac{R_2}{R_1}u_i$ D.$u_o = (1 + \dfrac{R_2}{R_1})u_i$

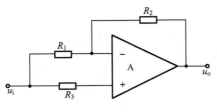

图 3-37　选择题 6 图

二、计算题

1.电路如图 3-38 所示,试问当 $u_i=100$ mV 时,u_o 为多少?

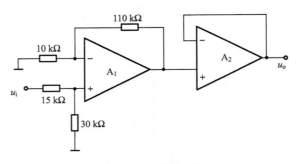

图 3-38　计算题 1 图

2.电路如图 3-39 所示,(1) 试问 A_1、A_2 电路中的反馈类型。(2) 求 u_o 的表达式。

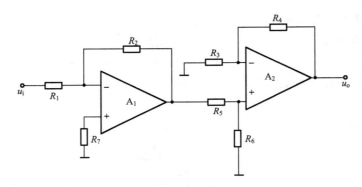

图 3-39　计算题 2 图

3.增益可调的反相比例运算电路如图 3-40 所示。已知电路的输出 $u_{om}=\pm15$ V,$R_1=100$ kΩ,$R_2=200$ kΩ,RP=5 kΩ,$u_i=2$ V。求在下列三种情况下的 u_o 的值:

(1)RP 滑动头在顶部位置;

(2)RP 滑动头在正中位置;

(3)RP 滑动头在底部位置。

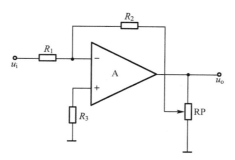

图 3-40　计算题 3 图

4.比较器电路如图 3-41 所示,已知 $U_Z = 5\ V$,$U_D \approx 0$,$R_1 = 1\ k\Omega$,$R_4 = 7\ k\Omega$。(1)画出该电路的电压传输特性曲线,并标明有关参数。(2)若输入电压 $u_i = 5\sin\omega t$,试画出 u_o 的波形图。

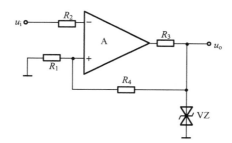

图 3-41　计算题 4 图

5.按下列各运算关系画出运算电路,并计算各电路的阻值,括号中的反馈电阻 R_f 和 C_F 已知。

(1)$u_o = -3u_i$　　$(R_f = 50\ k\Omega)$

(2)$u_o = -(u_{i1} + 0.2u_{i2})$　　$(R_f = 100\ k\Omega)$

(3)$u_o = 5u_i$　　$(R_f = 20\ k\Omega)$

(4)$u_o = 0.5u_i$

(5)$u_o = 2u_{i1} - u_{i2}$　　$(R_f = 10\ k\Omega)$

(6)$u_o = -200 \int u_i \mathrm{d}t$　　$(C_F = 0.1\ \mu F)$

(7)$u_o = -10 \int u_{i1} \mathrm{d}t - 5 \int u_{i2} \mathrm{d}t$　　$(C_F = 1\ \mu F)$

6.电路如图 3-42 所示,试计算输出电压 u_o 的值。

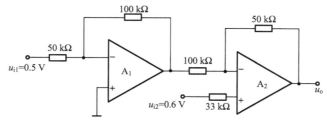

图 3-42　计算题 6 图

7.加减法运算电路如图 3-43 所示,求输出电压 u_o。

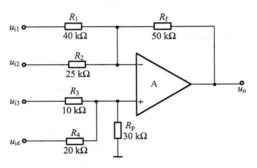

图 3-43　计算题 7 图

8.电路如图 3-44 所示,设 A_1、A_2 为理想集成运放。试分别列出 u_{o1}、u_o 对输入电压的表达式。

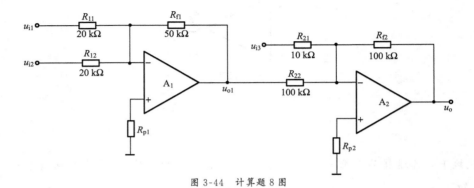

图 3-44　计算题 8 图

波形发生电路 第4章

理解电路自激振荡的原理和条件,掌握振荡器的构成,熟悉振荡器电路的仿真与分析,了解集成函数信号发生器的制作。

知识点

- 非正弦振荡电路的构成与分析
- 电路自激振荡的原理和条件
- *LC* 振荡电路的构成与分析
- *RC* 振荡电路的构成与分析
- 晶体振荡电路的构成与分析

重点和难点

- 判断振荡电路的振荡条件
- 振荡电路的构成及频率计算

4.1 非正弦信号产生电路

问题的提出:波形发生电路也称振荡电路或振荡器,是一种不需外加信号作用便能输出不同频率交流信号的自激振荡电路,通常有正弦波振荡器与非正弦波(多谐)振荡器之分。振荡器在电子产品中有广泛的应用,例如我们电子实验中所用的信号发生器,音乐会上演奏的电子琴等。那么这些信号是如何产生的呢?

4.1.1 方波发生器

一、方波发生器电路的仿真

方波发生器仿真电路如图 4-1 所示,双击示波器图标,调整:X 轴扫描为 200 μs/Div,A 通道 Y 轴幅度 5 V/Div,B 通道 Y 轴幅度为 5 V/Div。打开仿真电源开关,即可观察输出信号波形。拖动读数小三角,可以测量出信号的周期,进而可以计算出信号的频率。仿真结果如图 4-2 所示。

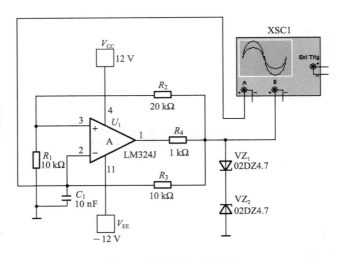

图 4-1　方波发生器仿真电路

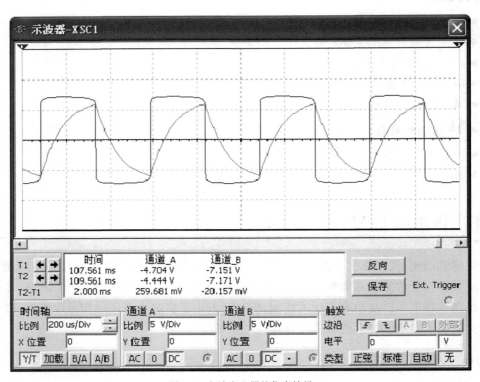

图 4-2　方波发生器的仿真结果

二、方波发生器电路组成

如图 4-3 所示,方波发生器由滞回电压比较器和由 RC 构成的积分电路组成。输出端的稳压管决定输出方波的幅度,由 RC 构成的积分电路决定方波的频率。

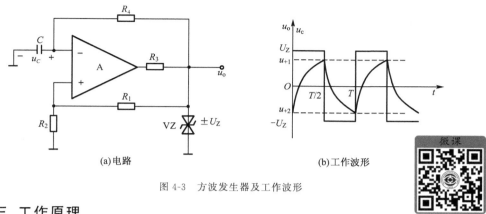

图 4-3　方波发生器及工作波形

三、工作原理

在方波发生器接通电源的瞬间,输出电压是正值还是负值由偶然因素决定。设在起始点输出电压为正值 $u_o = U_z$,则同相输入端的电压为

$$u_{+1} = \frac{R_2}{R_1 + R_2} U_z \tag{4-1}$$

$u_- = u_C$,且电容上的电压不能突变,故反相输入端的电压约为零。输出电压通过电阻 R 向电容充电,电容上的电压也就是反相输入端的电压,按指数规律增长,而同相输入端的电压保持式(4-1)的大小不变。当反相输入端的电压超过同相输入端的电压时,输出电压翻转为 $u_o = -U_z$,则同相输入端的电压为

$$u_{+2} = -\frac{R_2}{R_1 + R_2} U_z \tag{4-2}$$

反相输入端的电压会高于同相输入端的电压。电容会通过电阻 R 向输出端放电,电容上的电压也就是反相输入端的电压,按指数规律下降。当下降到低于同相输入端的电压时,输出电压又翻转为高电平,又开始新一轮的振荡。

四、输出电压的幅度及频率

1.幅度

输出电压的幅度由稳压管的稳压值来决定。若想改变输出电压的幅度,只须更换稳压管即可。

2.频率

输出电压的周期为

$$T = 2RC\ln\left(1 + 2\frac{R_2}{R_1}\right) \tag{4-3}$$

若适当选取电阻 R_1 和 R_2 的数值,即可使 $\ln\left(1 + 2\dfrac{R_2}{R_1}\right) = 1$,则

$$T = 2RC \tag{4-4}$$

而周期和频率互为倒数,有

$$f = \frac{1}{T} = \frac{1}{2RC} \tag{4-5}$$

4.1.2　三角波发生器

三角波发生器如图 4-4 所示。它的构成是在电压比较器的后边加一个积分电路。

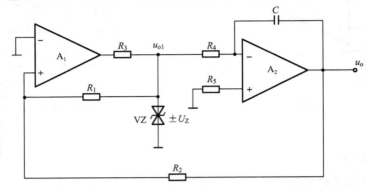

图 4-4　三角波发生器

一、工作原理

其原理是第一级电路由前面讲过的滞回电压比较器构成,第一级输出电压为方波。第二级电路由反相积分器构成,积分电路可以将方波变为三角波。电阻 R_2 引入了整个电路的正反馈。其工作波形如图 4-5 所示。

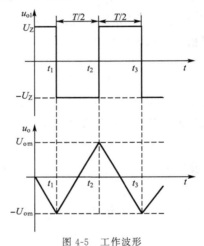

图 4-5　工作波形

二、输出电压的幅度及频率

1.幅度

第一级输出电压的幅度由稳压管的稳压值决定。第二级输出电压的幅度为

$$U_{om} = \frac{R_2}{R_1} U_Z \tag{4-6}$$

2.频率

输出电压的周期为

$$T = 2(t_2 - t_1) \frac{4R_2 R_4 C}{R_1} \tag{4-7}$$

则频率为

$$f = \frac{1}{T} \tag{4-8}$$

【**想一想**】非正弦信号产生电路的特点是什么？

4.2 **RC 桥式正弦波振荡电路**

4.2.1 正弦波振荡器的组成及振荡平衡条件

如图 4-6 所示,振荡器是在没有输入信号的情况下,有信号输出。由此可见,反馈信号 $\dot{U}_f$ 与净输入信号 $\dot{U}_d$ 相等。$\dot{U}_f = \dot{F}\dot{U}_o = \dot{F}\dot{A}\dot{U}_d = \dot{U}_d$ 即 $\dot{F}\dot{A} = 1$,自激振荡必备的两个平衡条件是:(1)振幅平衡条件,反馈信号与净输入信号大小相等。表达式可表示为:$AF \geqslant 1$。(2)相位平衡条件,反馈信号与净输入信号同相。表达式可表示为:$\varphi_A + \varphi_F = 2n\pi$ ($n = 1, 2, 3\cdots$),即反馈电路为正反馈网络。

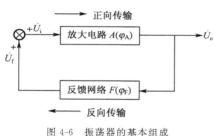

RC 正弦波
发生电路

图 4-6 振荡器的基本组成

通过上述分析可知,正弦波振荡电路一般由以下四部分组成:

一、放大电路

放大电路是满足振幅平衡条件必不可少的。在振荡过程中,必然存在能量的损耗,放大电路可以控制电源不断地向振荡器提供能量。故放大电路实际上是一个换能器,起到补充能耗的作用。

二、正反馈网络

正反馈网络是满足相位平衡条件必不可少的。它将输出信号的部分或全部送回输入端,完成自激振荡。

三、选频网络

选频网络的作用,是在众多的信号中,选择出一个并且只有一个满足振荡平衡条件的正弦信号,从而产生正弦输出信号。不加选频网络,就会产生非正弦输出信号,如上节中的方波信号。选频网络一般不是独立的,可以利用放大器选频,也可以利用正反馈网络选频。RC 选频网络一般用于频率在 200 kHz 的低频正弦波振荡器中,而频率在几十千赫至几百兆赫之间的振荡器一般由 LC 网络选频。

四、稳幅电路

用于稳定振荡信号的振幅,可采用热敏元件或其他限幅电路,也可由电路自身元件的非线性来完成。为了获得稳定振荡，有时还会引入负反馈。

【想一想】正弦波振荡电路应该由哪几部分组成呢?

4.2.2　文氏振荡器的组成

问题的提出:电工学中提到,RC 电路对交流信号也具有移相作用,一个 RC 串、并联电路对交流电压或电流具有大于 $0°$ 小于 $90°$ 的移相。那么,如果采用 RC 多级移相或 RC 串、并联组合移相能否满足我们建立振荡器的要求呢?

由 RC 作为选频元件的振荡器称为 RC 振荡器。RC 正弦波振荡电路有多种形式,其中常用的是桥式振荡电路,也称文氏振荡器。

RC 文氏振荡器组成电路如图 4-7 所示。R_1、R_2、C_1 和 C_2 组成 RC 串、并联网络,构成振荡器的正反馈网络。R_3、R_4、RP、R_5、VD_1、VD_2 和运算放大器 A 组成负反馈放大器。由于 RC 串、并联网络与负反馈放大器的负反馈网络正好构成一个桥路,所以称为桥式电路。

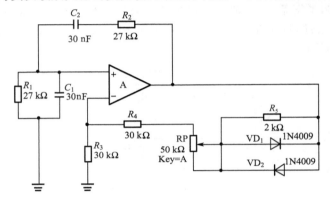

图 4-7　RC 文氏振荡器组成电路

一、RC 串、并联选频网络的选频特性

RC 串、并联网络如图 4-8 所示,其阻抗分别是

$$Z_1 = R + (1/j\omega C) \tag{4-9}$$

$$Z_2 = R /\!/ (1/j\omega C) = \frac{R}{1 + j\omega RC} \tag{4-10}$$

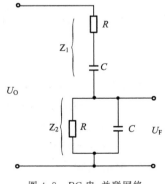

图 4-8　RC 串、并联网络

则该电路的反馈系数

$$F = \frac{U_F}{U_O} = \frac{Z_2}{Z_1 + Z_2} = \frac{R/(1 + j\omega RC)}{R + (1/j\omega C) + [R/(1 + j\omega RC)]}$$
$$= \frac{R}{[R + (1/j\omega C)](1 + j\omega RC) + R} = \frac{1}{3 + j(\omega RC - \frac{1}{\omega RC})} \qquad (4\text{-}11)$$

令 $\omega_0 = \dfrac{1}{RC}$，则

$$F = \frac{1}{3 + j(\dfrac{\omega}{\omega_0} - \dfrac{\omega_0}{\omega})} \qquad (4\text{-}12)$$

由此可知，RC 串、并联选频网络的频率特性如图 4-9 所示，图 4-9(a) 为幅频特性，图 4-9(b) 为相频特性。当 f 等于 f_0（即 $\omega = \omega_0$）时，电路满足相位条件振荡。

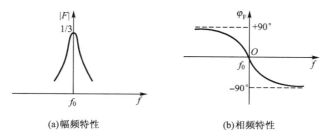

(a)幅频特性　　　　　　　　　(b)相频特性

图 4-9　RC 串、并联选频网络的频率特性

二、振荡的建立与稳定

为了满足振荡的起振条件 $AF > 1$，要使 $A > 3$。在电路接通电源之后，振荡输出幅度会越来越大。

当输出电压升高后，R_3 上的电压升高，温度升高。由于 R_3 是正温度系数的热敏电阻，所以 R_3 的阻值增大，负反馈增强。最终，放大器的放大倍数 $A = 3$，使振荡器进入振荡平衡状态，从而使输出电压稳定。

此外，R_4 回路串联两个反向并联的二极管 VD_1、VD_2 起着稳幅作用，利用电流增大时二极管动态电阻减小、电流减小时二极管动态电阻增大的特点，加入非线性环节，从而使输出电压稳定。

三、振荡频率

当电路进入平衡状态后，满足相位平衡条件的频率只有 f_0，因此振荡频率为

$$f = f_0 = \frac{1}{2\pi RC} \qquad (4\text{-}13)$$

四、文氏振荡电路的仿真

按照图 4-7 建立文氏振荡器的仿真电路，选择虚拟双踪示波器置于电路输出端，双击示波器图标，调整如下：X 轴扫描为 2 ms/Div，A 通道 Y 轴幅度为 2 V/Div。打开仿真电源开关之后，在虚拟示波器上就可以观察到输出信号的波形了。拖动读数指针，可以测量振荡信号的周期。按动 A 键，可以增大 R_1 的阻值，加大振荡波形的周期，降低振荡频率。同时按住 Shift 和 A 键，可以减小 R_1 的阻值，减小振荡波形的周期，提高振荡频率。

【例题 4-1】 在如图 4-10 所示的电路中,已知电容的取值分别为 0.01 μF、0.1 μF、1 μF、10 μF,电阻 $R=50\ \Omega$,电位器 RP$=10\ k\Omega$。试问:f_0 的调节范围?

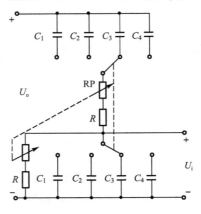

图 4-10 RC 振荡器频率调节

解 因为 $f_0 = \dfrac{1}{2\pi \cdot RC}$,则

f_0 的最小值为

$$f_{0\min} = \frac{1}{2\pi(R+RP)C_{\max}} = \frac{1}{2\pi(50+10\times10^3)\times10\times10^{-6}}\ \text{Hz} \approx 1.58\ \text{Hz}$$

f_0 的最大值为

$$f_{0\max} = \frac{1}{2\pi RC_{\min}} = \frac{1}{2\pi\times50\times0.01\times10^{-6}}\ \text{Hz} \approx 318000\ \text{Hz} = 318\ \text{kHz}$$

所以,f_0 的调节范围为 1.58 Hz~318 kHz。本电路是低频信号发生器的频率调节电路,我们注意到电容变换的是频段(粗调),电位器控制频率细调。

【**想一想**】用相位条件判断如图 4-11 所示电路能否产生正弦波振荡,并简述理由。用 Multisim 10 软件验证一下自己的判断是否正确。(通过调节 RP 电位器的增益来满足振幅条件)

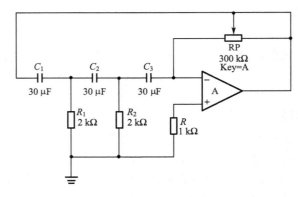

图 4-11 移相式正弦振荡器

4.3 LC 正弦波振荡电路

用 LC 回路作为选频网络的振荡器,称作 LC 振荡器。本节主要学习三点式振荡器。三点式振荡器又有电感三点式和电容三点式之分,它们共同的特点是都从 LC 振荡回路中引出三个端点和晶体管的三个极相连接。

4.3.1 电感三点式振荡电路

一、电路的组成

电感三点式振荡电路如图 4-12(a)所示。从该电路直流通路可以看出,该电路是一个放大器偏置电路,满足振幅条件。C_2、C_3 为交流耦合电容,可视作交流短路,画出的交流通路如图 4-12(b)所示,用瞬时极性法可判别其符合振荡的相位条件。注意到电感线圈的三个端点分别接在晶体管的三个极上,故称电感反馈式振荡电路为电感三点式振荡电路。

对于三点式电路,也可用"射同基反"原则来判断其是否满足相位条件。

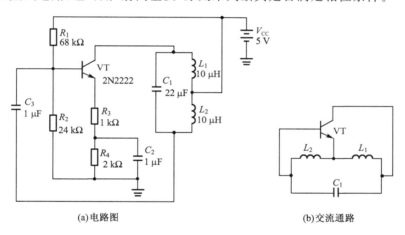

(a)电路图　　　　　　　　　　　　(b)交流通路

图 4-12　电感三点式振荡电路

二、振荡频率

$$f_0 \approx \frac{1}{2\pi\sqrt{(L_1+L_2+2M)C_1}} \tag{4-14}$$

上式中,M 为线圈 L_1、L_2 之间的互感系数,若两线圈相互独立,则 $M=0$。

三、反馈系数

反馈系数定义式为 $F=\dfrac{X_{\mathrm{F}}}{X_{\circ}}$,从交流通路中可以看出上述电感三点式振荡电路

$$F=\frac{U_{\mathrm{F}}}{U_{\circ}}=\frac{L_2}{L_1} \tag{4-15}$$

四、优缺点

电感三点式振荡电路中 L_2 与 L_1 之间耦合紧密,振幅大,易起振。当 C 采用可变电容时,可以获得调节范围较宽的振荡频率,最高振荡频率可达几十兆赫兹。由于反馈电压取自电感,对高频信号具有较大的电抗,且反馈信号中含有较多的高次谐波分量,所以输出电压波形不够好。

五、电感三点式振荡电路的仿真

参照图 4-12 建立电感三点式振荡仿真电路,选择虚拟双踪示波器置于电路输出端。双击示波器图标,调整如下: X 轴扫描为 5 μs/Div,A 通道 Y 轴幅度为 5 V/Div。打开仿真电源开关之后,在虚拟示波器上就可以观察到输出信号的波形了。拖动读数指针,可以测量振荡信号的周期,改变电容 C_1 的容量,可以调节振荡频率。

4.3.2 电容反馈式振荡电路

一、电路的组成

电容三点式振荡电路如图 4-13(a)所示,电路直流通路满足振幅条件。C_3、C_4、C_5 为交流耦合电容,可视作交流短路,画出的交流通路如图 4-13(b)所示,用瞬时极性法可判别其符合振荡的相位条件。注意到电容 C_1、C_2 三个端点分别接在晶体管的三个极上,故称电容反馈式振荡电路为电容三点式振荡电路。

该电路也符合"射同基反"原则。

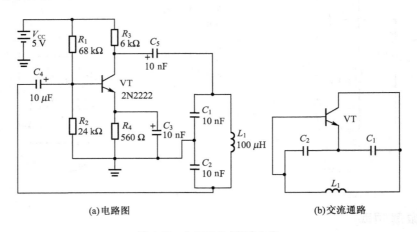

(a)电路图   (b)交流通路

图 4-13 电容三点式振荡电路

二、振荡频率

$$f_0 \approx \frac{1}{2\pi\sqrt{L_1\dfrac{C_1 C_2}{C_1 + C_2}}} \tag{4-16}$$

三、反馈系数

从交流通路中可以看出,上述电容三点式振荡电路

$$F = \frac{U_F}{U_o} = \frac{C_1}{C_2} \tag{4-17}$$

四、优缺点

电容三点式振荡电路的输出电压波形好,振荡频率与电感三点式振荡电路相比可以做得更高,可在 100 MHz 以上。若用改变电容的方法来调节振荡频率,会影响电路的反馈系数和起振条件;而若用改变电感的方法来调节振荡频率,则比较困难,故其常用在固定振荡频率的场合。在振荡频率可调范围不大的情况下,可采用如图 4-14 所示电路作为选频网络。

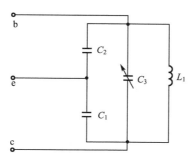

图 4-14　频率可调的选频网络

五、电容三点式振荡电路的仿真

参照图 4-13 建立电容三点式振荡仿真电路,选择虚拟双踪示波器置于电路输出端。双击示波器图标,调整如下:X 轴扫描为 5 μs/Div,A 通道 Y 轴幅度为 1 V/Div。打开仿真电源开关之后,在虚拟示波器上就可以观察到输出信号的波形了。拖动读数指针,可以测量振荡信号的周期。

4.3.3　改进型电容三点式振荡电路

一、电路组成

若要提高电容三点式振荡电路的频率,就要减小 C_1、C_2 的电容量和 L 的电感量。实际上,当 C_1 和 C_2 减小到一定程度时,晶体管的极间电容和电路中的杂散电容将纳入 C_1 和 C_2 之中,从而影响振荡频率。这些电容等效为放大电路的输入电容 C_i 和输出电容 C_o,改进型电容三点式振荡电路和等效电路如图 4-15 所示。

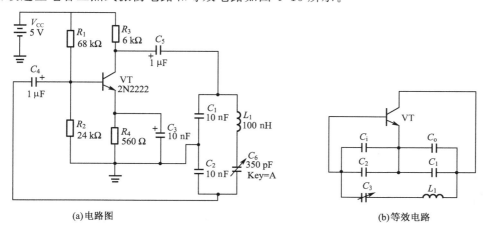

(a)电路图　　　　　　　　　(b)等效电路

图 4-15　改进型电容三点式振荡电路

二、振荡频率

由于极间电容 C_i、C_o 受温度的影响,杂散电容又难于确定,为了稳定振荡频率,在电感支路串联一个小容量电容 C_3,而且 $C_3 \ll C_1$,$C_3 \ll C_2$,这样

$$\frac{1}{C_{\Sigma}} \approx \frac{1}{C_i + C_o} + \frac{1}{C_2 + C_1} + \frac{1}{C_3} \approx \frac{1}{C_3} \tag{4-18}$$

振荡频率

$$f_0 \approx \frac{1}{2\pi \sqrt{LC_{\Sigma}}} \approx \frac{1}{2\pi \sqrt{LC_3}} \tag{4-19}$$

振荡频率几乎与 C_1 和 C_2 无关,也与 C_i 和 C_o 无关,所以频率的稳定度得到了提高。

三、改进型电容三点式振荡电路的仿真

参照图 4-15,建立改进型电容三点式振荡仿真电路,双击示波器图标,调整如下:X 轴扫描为 $1\ \mu s/\text{Div}$,A 通道 Y 轴幅度为 $2\ V/\text{Div}$。打开仿真电源开关之后,在虚拟示波器上就可以观察到输出信号的波形了。拖动读数指针,可以测量振荡信号的周期。按动 A 键,可以增大 C_6 的容量,降低振荡频率;同时按住 Shift 和 A 键,可以减小 C_6 的容量,提高振荡频率。

【例题 4-2】 变压器振荡器最主要的特点是采用了变压器作为耦合反馈元件,如图 4-16 所示。画出直流通路,可以判断电路满足振幅条件;画出交流通路,变压器 T_1 的初级线圈 L_1 与次级线圈 L_2 构成了正反馈耦合回路,变压器 T_1 的初级线圈 L_1 与电容器 C_1 又构成了振荡选频回路。

$$f_0 \approx \frac{1}{2\pi \sqrt{L_1 C_1}}$$

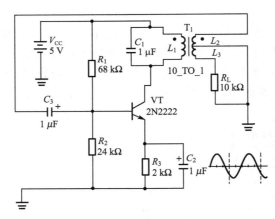

图 4-16 变压器耦合式振荡器

需要注意的是,变压器 T_1 初、次级线圈上的小圆点用来标记线圈的同名端,表示它们的瞬时极性相同。

判断如图 4-17(a)、图 4-17(b)所示电路能否产生自激振荡。

解 (1)判断振幅条件

画出电路的直流通路,以便判断电路是否处于放大状态(发射结正偏,集电结反偏)。

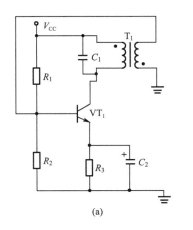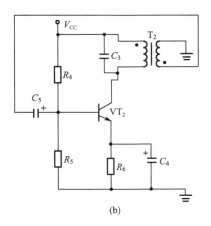

图 4-17　振荡条件的判别

如图 4-18 所示,可以看出图 4-18(a)中三极管的基极偏置电阻 R_2 被反馈线圈短路接地,使 VT_1 处于截止状态,故电路不能起振。而图 4-18(b)所示电路可成为放大电路,满足振幅条件。

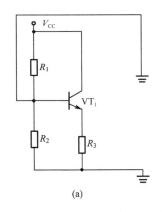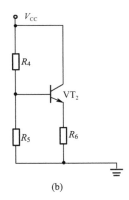

图 4-18　【例题 4-2】解答图

(2)判断相位条件

采用瞬时极性法判断相位,在图 4-18(a)中,设 VT_1 基极电位为"正",根据共射电路的倒相作用可知集电极电位为"负"。于是,T_1 初级同名端为"正",T_1 次级同名端也为"正",反馈至基极电压的极性为"负",所以不满足相位条件,电路不能自激振荡。

同理判断图 4-18(b)所示电路。因隔直电容 C_5 避免了 R_2 被 T_2 初级反馈线圈短路,同时,反馈至基极电压的极性为"正",电路满足相位平衡条件。

由于图 4-18(a)所示电路即不满足振幅条件,也不满足相位条件,所以电路不能产生自激振荡(注:电路只要有一个条件不满足就不能振荡)。

如图 4-18(b)所示电路同时满足振幅条件和相位条件,所以电路能产生自激振荡。

【例题 4-3】　改正如图 4-19 所示电路中的错误,使之有可能产生正弦波振荡。要求不能改变放大电路的基本接法。提示:C_e 为电解电容,容量较大。

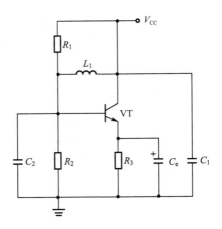

图 4-19 【例题 4-3】图(1)

解 观察电路,电感 L_1 连接晶体管的基极和集电极,在直流通路中会使两个极近似短路,造成放大电路的静态工作点不合适,故应在选频网络与放大电路输入端之间加隔直电容 C_b。

晶体管的集电极直接接电源,在交流通路中使集电极与发射极短路,因而输出电压恒等于零。所以,必须在集电极加电阻 R_c。改正电路如图 4-20 所示。

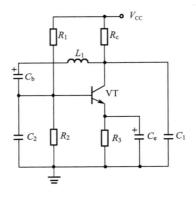

图 4-20 【例题 4-3】图(2)

C_e 的容量远大于 C_1 和 C_2,故称为旁路电容,对交流信号可视为短路。C_1、C_2 和 L_1 构成 LC 并联谐振网络,画出交流通路,可见该电路是一个电容三点式振荡电路。

【**想一想**】如何看出例 4-3 中振荡器修正后属于电容三点式振荡电路呢?

4.4 石英晶体振荡电路

问题的提出:振荡器的频率稳定度是一个很重要的指标,LC、RC 振荡器频率稳定度较差,实际一般总小于 10^{-5} 量级。在技术上我们需要一种高稳定度的振荡器,如何才能得到高稳定度的振荡器呢?

石英晶体振荡器就有这样突出的优点:频率稳定度高,可达 10^{-11} 量级。所以在要求频率稳定度高的电子产品、电子设备中,石英晶体振荡器得到了广泛的应用。

4.4.1 石英晶体的基本特性及其等效电路

一、压电效应

石英晶体谐振器简称石英晶体,如图 4-21 所示,它是在按一定方位角切割下来的晶体薄片的两个对面上喷涂一对金属极板,引出两个电极,加以封装所构成的。

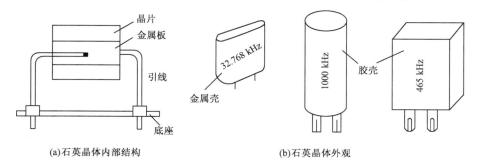

(a)石英晶体内部结构　　(b)石英晶体外观

图 4-21　石英晶体

石英晶体具有压电效应,在电压产生的机械压力下,晶片表面电荷的极性随机械拉力而改变。当外加交变电压的频率等于晶体固有频率时,回路发生串联谐振。产生压电谐振时的振荡频率称为晶体谐振器的振荡频率。

二、石英晶体符号和等效电路

石英晶体的符号如图 4-22(a)所示。

当晶体不振动时,可用静态电容 C_0 来等效,一般为几个皮法到几十皮法;当晶体振动时,机械振动的惯性可用电感 L 来等效,一般为 $10^{-3} \sim 10^{-2}$ H;晶片的弹性可用电容 C 来等效,一般为 $10^{-2} \sim 10^{-1}$ pF;晶片振动时的损耗可用 R 来等效,阻值约为 10^2 Ω。由此可知,石英晶体品质因数 Q 很大,可为 $10^4 \sim 10^6$。加之晶体的固有频率只与晶片的几何尺寸有关,故其精度高而且稳定。所以,采用石英晶体组成振荡电路,可获得很高的频率稳定度。等效电路如图 4-22(b)所示,它有两个谐振频率。

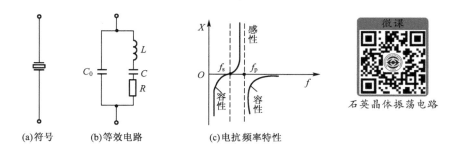

(a)符号　　(b)等效电路　　(c)电抗频率特性

石英晶体振荡电路

图 4-22　石英晶体的符号、等效电路及电抗频率特性

(1)当 R、L、C 支路串联谐振时,等效电路的阻抗最小,串联谐振频率为

$$f_s = \frac{1}{2\pi\sqrt{LC}} \tag{4-20}$$

(2)当等效电路并联谐振时,并联谐振频率为

97

$$f_p = \cfrac{1}{2\pi \sqrt{L \cfrac{CC_0}{C+C_0}}} \approx f_s \sqrt{1+\cfrac{C}{C_0}} \qquad (4\text{-}21)$$

由于 $C \ll C_0$，所以 f_s 和 f_p 两个频率非常接近。

如图 4-22(c) 所示为石英晶体的电抗-频率特性，在 f_s 和 f_p 之间为感性，在此区域之外为容性。

4.4.2 石英晶体振荡电路

晶体振荡电路形式多样，可分为并联型石英晶体振荡电路和串联型石英晶体振荡电路两类。

一、并联型石英晶体振荡电路

如图 4-23 所示，振荡回路由 C_1、C_2 和晶体 X_1 组成，石英晶体起电感 L 的作用，即振荡频率在晶体谐振器的 f_s 与 f_p 之间。由于回路电容是 C_1 和 C_2 串联后与石英晶体等效电路中的 C_0 并联，再与石英晶体等效电路中的 C 串联，所以回路电容为 $\cfrac{C(C'+C_0)}{C+(C'+C_0)}$。故振荡回路的谐振频率为

$$f_0 \approx \cfrac{1}{2\pi \sqrt{\cfrac{LC(C'+C_0)}{C+C'+C_0}}} \qquad (4\text{-}22)$$

式中 $C' = \cfrac{C_1 C_2}{C_1 + C_2}$，由于 $C \ll C_0 \ll C'$，所以谐振频率近似为

$$f_0 \approx \cfrac{1}{2\pi \sqrt{LC}} = f_s \qquad (4\text{-}23)$$

可见，振荡频率基本上取决于晶体的固有频率 f_s，故其频率稳定度高。

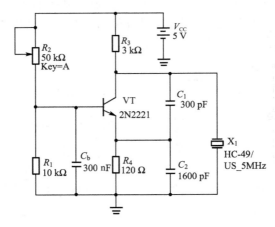

图 4-23 并联型石英晶体振荡电路

二、串联型石英晶体振荡电路

电路如图 4-24 所示。当振荡频率等于晶体的固有频率 f_s 时，晶体阻抗最小，且为纯电阻，石英晶体构成正反馈通路，电路满足自激振荡条件，振荡频率为 $f_0 \approx f_s$。而信号 $f \ne f_s$ 时，阻抗很大，石英晶体不能提供正反馈通路。因此，不能产生振荡。

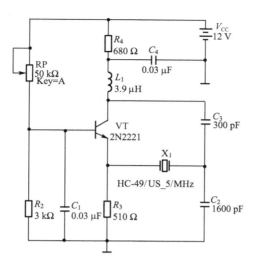

图 4-24 串联型石英晶体振荡电路

另外,组成石英晶体振荡电路的三极管放大能力有限,振荡电路产生的正弦波输出信号在 μV 量级,容易被电路的噪声信号所湮没,不易观察到仿真波形。

【想一想】如果某电路符合振幅条件和相位条件,但没有选频回路,电路能否振荡? 能否正常工作? 为什么?

4.5 实 训

4.5.1 *RC* 桥式正弦波振荡器

一、实训目的

1.学习 *RC* 正弦波振荡器的组成,掌握振荡条件对振荡的影响。

2.学会测量、调试振荡器。

二、实训原理图

实训原理图如图 4-25 所示。

三、实验设备与元器件

1.+12 V 直流电源。

2.双踪示波器。

3.万用表。

4.电阻(16 kΩ/2 只)、电容(0.01 μF/2 只)。

5.*RC* 串、并联选频网络振荡器(文氏振荡器组件)。

四、实训步骤

1.按图 4-25 连接电路,并用示波器观察输出波形情况。

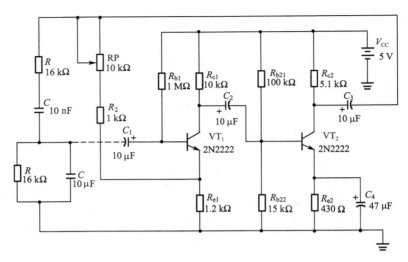

图 4-25　实训原理图

2.调节 RP 使电路起振,用示波器观察其输出波形至稳定。然后断开 RC 串、并联网络(C_1 左侧虚线),测量放大器静态工作点及电压放大倍数。

VT_1 静态工作点:b 极电压_____;c 极电压_____;e 极电压_____。

VT_2 静态工作点:b 极电压_____;c 极电压_____;e 极电压_____。

将函数信号发生器调整到正弦波状态,幅值和频率分别为:0.5 V/1 kHz。信号至 C_1,用双踪示波器观察输入和输出波形,读出输入波形占据的格数_____×(偏转因数_____/Div)=_____ V;读出输出波形占据的格数_____×(偏转因数_____/Div)=_____ V。算出放大器放大倍数_____。

3.接通 RC 串、并联网络,并使电路起振,用示波器观测输出电压 U_o 波形,调节 RP 以获得满意的正弦信号,波形及其参数请记录在如图 4-26 所示的示波器波形记录方格中。

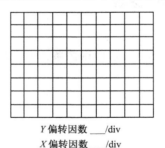

Y 偏转因数 ____/div

X 偏转因数 ____/div

图 4-26　示波器波形记录方格

4.测量振荡频率,并与计算值进行比较。正弦波周期:读出输出波形一周期占据的格数_____×(X 偏转因数_____/Div)=_____ V。正弦波频率=1/正弦波周期=_____;理论值计算 $f = f_0 = \dfrac{1}{2\pi RC} =$ _____。

5.改变 R 或 C 值,观察振荡频率变化情况。

五、思考题

由给定电路参数计算振荡频率,并与实测值比较,分析误差产生的原因。

4.5.2 制作函数信号发生器

一、实训任务

运用 LM324 制作一个简易函数信号发生器。

二、函数信号发生器原理图

函数信号发生器原理图如图 4-27 所示。

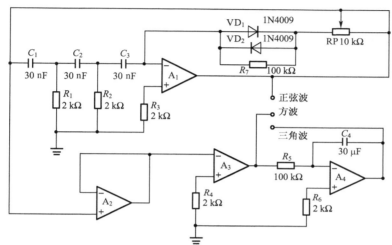

图 4-27 函数信号发生器原理图

三、设计印制板图

说明:PCB 板图设计时应考虑 C_1、C_2、C_3 为二、三组电容通过开关并联,以取得不同频段;R_1、R_2 为双联电位器以取得频率细调。

四、清点并检测元件

所需元件见表 4-1。

表 4-1　　　　　　　　　　　所需元件表

序号	元件名称	型号	数量	清点并检测结果	备注
1	运算放大 IC	LM324	1		
2	IC 插座	双列 14 脚	1		
3	二极管	1N4009	2		
4	电阻	100 kΩ、1/4W	2		
5	电阻	2 kΩ、1/4W	5		
6	电位器	10 kΩ	1		
7	电容	30 nF	4		

五、装配、测试

1.清点、检测元件,对照印制板图检查 PCB 板质量情况。

2.元件整形、焊接,修剪焊脚。

3.检查焊点无虚焊、搭焊后通电检测。

4.连接示波器探头至正弦波、方波、三角波输出端口处测试波形并记录在图 4-28 中。

正弦波

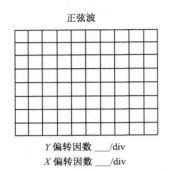

Y 偏转因数 ____/div

X 偏转因数 ____/div

方波

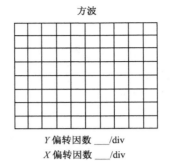

Y 偏转因数 ____/div

X 偏转因数 ____/div

三角波

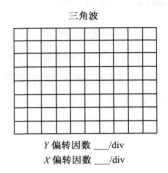

Y 偏转因数 ____/div

X 偏转因数 ____/div

图 4-28　波形记录

六、编写报告并答辩

写出制作的全过程,附上有关图纸资料。在规定时间内分小组完成制作和答辩。

 本 章 小 结

1.波形产生电路的种类很多,可分为正弦波和非正弦波两大类。各种振荡器都有各自的用途,常用于电子玩具、发声设备及石英电子钟等各个方面。

2.构成振荡器的有放大电路和正反馈网络。在振荡过程中,必然存在能量的损耗,放大电路可以控制电源不断地向振荡器提供能量。故放大电路实际上是一个换能器,起到补充能耗的作用。正反馈网络是将输出信号的部分或全部送回输入端,完成自激振荡。

3.正弦波振荡电路还要增加选频网络。选频网络能够在众多信号中选出某一频率的正弦信号加以放大输出。选频网络可利用 LC 或 RC 回路选频。

4.LC 振荡器有三点式振荡器、变压器耦合式振荡器等。RC 振荡器有桥式振荡器、移相式振荡器等。用集成运放可构成上述振荡电路。

5.石英晶体振荡器是一种高稳定度振荡器。

自 我 检 测 题

一、选择题

1.为满足振荡的相位平衡条件,反馈信号与输入信号的相位差应该等于_____。

A.90°　　　　　　　　B.180°　　　　　　　　C.360°

2.振荡器之所以能获得单一频率的正弦波输出电压,是依靠了振荡器中的_____。

A.选频环节　　　　　B.正反馈环节　　　　　C.基本放大电路环节

3.一个正弦波振荡器的开环电压放大倍数为 A_u,反馈系数为 F,该振荡器要能自行建立振荡,其振幅条件必须满足_____。

A.$|A_uF|=1$　　　　　B.$|A_uF|<1$　　　　　C.$|A_uF|>1$

4.一个正弦波振荡器的反馈系数 $f = \frac{1}{5} \angle 180°$,若该振荡器能够维持稳定振荡,则开环电压放大倍数 A_u 必须等于_____。

A.$\frac{1}{5} \angle 360°$　　　　　B.$\frac{1}{5} \angle 0°$　　　　　C.$\frac{1}{5} \angle -180°$

5.电路如图 4-29 所示,参数选择合理,若要满足振荡的相应条件,其正确的接法是_____。

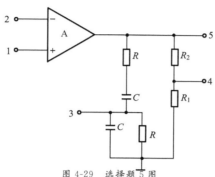

图 4-29　选择题 5 图

A.1 与 3 相接,2 与 4 相接

B.1 与 4 相接,2 与 3 相接

C.1 与 3 相接,2 与 5 相接

6.石英晶体振荡器的主要优点是_____。

A.振荡频率高　　　　B.振荡幅度稳定　　　　C.振荡频率稳定度高

7.已知振荡器正反馈网络反馈系数 $F = 0.02$,为保证电路能起振且获得良好的输出波形,放大器最合适的放大倍数是_____。

A.5　　　　　　　　B.50　　　　　　　　C.150

8.正弦波振荡器振荡频率取决于_____。

A.正反馈强度　　　　B.电路放大倍数　　　　C.选频网络参数

9.当我们需要高稳定度的振荡信号时,常选用_____。

A.RC 振荡器　　　　B.LC 振荡器　　　　C.石英晶体振荡器

二、分析题

试从相位条件出发,判断图 4-30 所示电路中,哪些可能振荡,哪些不可能振荡。能振荡的属于哪种类型的振荡器?

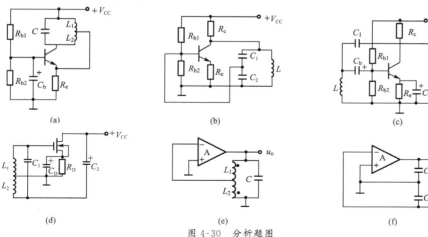

图 4-30　分析题图

三、计算题

1.如图 4-31 所示为电视接收机的本振电路,改换电感 L 即可改换频道,试求:

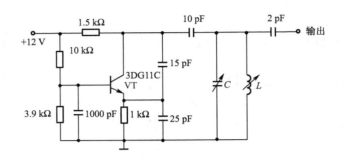

图 4-31　计算题 1 图

(1)画出交流等效电路,说明是什么形式的电路,有何优点?

(2)说明各元件的作用,振荡频率主要由什么决定?

2.如图 4-32 所示是两个实用的晶体振荡器线路,试画出它们的交流等效电路,并指出它们是哪一种振荡器,晶体在电路中的作用分别是什么?

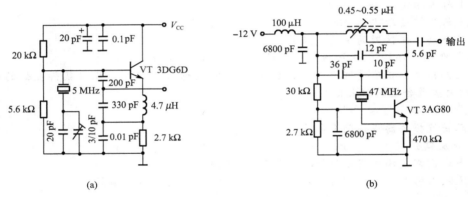

(a)　　　　　　　　　　　　　(b)

图 4-32　计算题 2 图

低频功率放大电路 第5章

理解低频功率放大电路的特点、要求和分类,掌握互补对称功率放大电路的工作原理,熟悉 OCL、OTL 电路功率及效率的估算,了解集成功放的应用。

📖 **知识点**

- 功率放大电路的特点、要求和分类
- OCL 电路、OTL 电路
- 集成功放
- 功放电路的仿真

📣 **重点和难点**

- OCL、OTL 电路的工作原理和分析计算方法
- 交越失真及其解决方法
- 集成功放的应用

问题的提出:功率放大电路简称功放,它属于大信号放大电路,既有较大的输出电压,同时也有较大的输出电流,其负载阻抗一般相对较小,这是其与一般放大电路不同的地方。

低频功率放大电路主要要求向负载提供足够大的功率,以便驱动功率型负载,如音响中的扬声器等。那我们应该采用怎样的电路作为功放呢?

5.1 功率放大电路概述

一、功率放大电路特点

功率放大电路作为放大电路的输出级,一般与实际负载相连。故具有以下几个特点:

1.由于功率放大电路的主要任务是向负载提供一定的功率,所以输出电压和电流的幅度足够大。

2.由于输出信号幅度较大,使三极管工作在饱和区与截止区的边沿,所以输出信号存在一定程度的失真。

3.功率放大电路在输出功率的同时,三极管消耗的能量也较大,因此,不可忽视管耗问题。

二、对功率放大电路的要求

如前所述,功率放大电路与一般的电压放大电路或电流放大电路的要求不同,对一般的电压放大电路或电流放大电路的主要要求是电压增益、电流增益或功率增益要高,但输出的功率并不一定要大。而对功率放大电路,首先要求输出功率要大、效率要高、非线性失真要小。

1.效率要高

功率放大器的实质是在晶体管的控制下,将直流电源提供给放大器的直流功率转换成负载上的交流功率。在直流功率一定时,负载上得到的交流功率越大,放大器的效率就越高,或者说放大电路所消耗的功率就越少。

其次,被放大电路所消耗的功率,对放大电路来讲是有害的,它使放大电路中的元器件产生较大的热能。所以,功率放大电路中的三极管一般要加合适的散热器,以降低结温,确保三极管安全工作。

2.非线性失真要小

由于功率放大器中的三极管工作在大信号状态,非线性特性更为显现,所以功率放大器失真较为明显。要减小失真,电路中要采取措施,如引入负反馈等。

三、功率放大电路的分类

根据电路中三极管静态工作点设置的不同,如图 5-1 所示,可分成甲类、乙类和甲乙类三种。

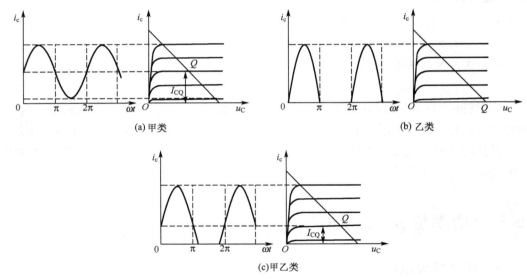

图 5-1 放大电路的三种工作状态

1.甲类放大电路

其静态工作点设置在放大区的中间,这种电路的优点是在输入信号的整个周期内三极管都处于导通状态,输出信号失真较小(前面讨论的电压放大器都工作在这种状态),缺点是放大电路不论有无信号,始终有较大的静态工作电流 I_{CQ},这时管耗 P_V 大,电路能量转换效率低。

2.乙类放大电路

其静态工作点设置在截止区,这时,由于三极管的静态电流 $I_{CQ}=0$,所以能量转换效率高,它的缺点是只能对半个周期的输入信号进行放大,非线性失真大。

3.甲乙类放大电路

静态工作点设置在放大区但接近截止区,即三极管处于微导通状态。这样可以有效克服乙类放大电路的失真问题,且能量转换效率也较高,目前使用较广泛,特别是它便于集成化,在集成功率放大电路中也得到了广泛的应用。

【**想一想**】电压放大电路和功率放大电路有什么区别?

5.2 互补对称功率放大电路

5.2.1 乙类 OCL 基本互补对称功率放大电路

问题的提出:我们在第 2 章已经讨论过,射极输出器有输入电阻高、输出电阻低、带负载能力强等特点,它很适合作功率放大电路,但单管射极输出器静态功耗大。如何通过电路的改进,来解决这个问题呢?

一、电路组成及工作原理

如图 5-1(b) 所示,工作在乙类的放大电路,虽然管耗小,有利于提高效率,但存在严重的失真,即输出信号只有半个波形。如果用两个管子,使之都工作在乙类放大状态,但一个在正半周工作,而另一个在负半周工作,同时使这两个输出波形都能加到负载上,就可在负载上得到一个合成的完整波形,这样就解决了效率与失真的矛盾。

如图 5-2 所示是双电源乙类互补对称功率放大电路。这类电路又称无输出电容的功率放大电路,简称 OCL 电路。VT_1 和 VT_2 分别为 NPN 型管和 PNP 型管,两管参数对称,电路工作原理如下所述。

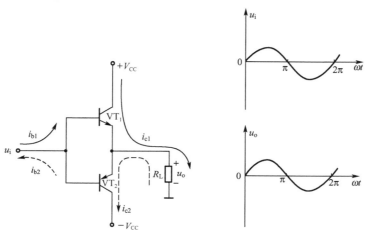

图 5-2　双电源乙类互补对称功率放大

1.静态分析

当输入信号 $u_i = 0$ 时,两个三极管都工作在截止区,此时 I_{BQ}、I_{CQ}、I_{EQ} 均为零,负载上无电流通过,输出电压 $u_o = 0$。

2.动态分析

当输入信号处于正半周时,三极管 VT_1 导通,VT_2 截止,有电流通过负载 R_L;而当输入信号处于负半周时,VT_1 截止,VT_2 导通,仍有电流通过负载 R_L。

不难看出,该电路实现了在静态时管子不取电流,而在有信号时,VT_1 和 VT_2 轮流导通,使输出形成完整的正弦波。由于这种电路中的三极管交替工作,即一个"推",一个"挽",互相补充,故这类电路又称为互补对称推挽电路。

二、功率参数分析

以下参数分析均以输入信号是正弦波为前提,且忽略失真。

1.输出功率 P_o

设输出电压的幅值为 U_{om},有效值为 U_o;输出电流的幅值为 I_{om},有效值为 I_o,则

$$P_o = U_o I_o = \frac{1}{2} I_{om} U_{om} = \frac{1}{2} \frac{U_{om}^2}{R_L} \tag{5-1}$$

当输入信号足够大,使 $U_{om} = U_{im} = V_{CC} - U_{CES} \approx V_{CC}$ 时,可得最大输出功率

$$P_o = P_{omax} = \frac{1}{2} \frac{U_{om}^2}{R_L} \approx \frac{1}{2} \frac{V_{CC}^2}{R_L} \tag{5-2}$$

2.直流电源供给的功率 P_{DC}

两个电源各提供半个周期的电流,其峰值为 $I_{om} = U_{om}/R_L$,故每个电源提供的平均电流为 $I_{DC} = \frac{1}{2\pi} \int_0^\pi I_{om} \sin(\omega t) d(\omega t) = \frac{I_{om}}{\pi} = \frac{U_{om}}{\pi R_L}$

因此两个电源提供的功率为

$$P_{DC} = 2 I_{DC} V_{CC} = \frac{2}{\pi R_L} U_{om} V_{CC} \tag{5-3}$$

输出最大功率时,两个直流电源也提供最大功率

$$P_{DCmax} = \frac{2}{\pi} \frac{V_{CC}^2}{R_L} \tag{5-4}$$

3.效率 η

输出功率与直流电源提供功率之比为功率放大器的效率。理想条件下,输出最大功率时的效率,也是最大效率。

$$\eta_{max} = \frac{P_{omax}}{P_{DCmax}} \times 100\% = \frac{\pi}{4} \times 100\% \approx 78.5\% \tag{5-5}$$

实际上,由于功率管 VT_1、VT_2 的饱和压降不为零,所以电路的最大效率低于 78.5%。

4.管耗 P_V

直流电源提供的功率与输出功率之差就是损耗在两个三极管上的功率

$$P_V = P_{DC} - P_o = \frac{2}{\pi R_L} U_{om} V_{CC} - \frac{U_{om}^2}{2R_L} \tag{5-6}$$

可求得当 $U_{om} = \frac{2}{\pi} V_{CC}$ 时,三极管消耗的功率最大,其值为

$$P_{Vmax} = \frac{2V_{CC}^2}{\pi^2 R_L} = \frac{4}{\pi^2} P_{omax} \approx 0.4 P_{omax}$$

单管的最大功耗为

$$P_{V1\,max} = P_{V2\,max} = \frac{1}{2} P_{Vmax} \approx 0.2 P_{omax} \tag{5-7}$$

5.功率管的选择

功率管的极限参数有 P_{CM}、I_{CM} 和 $U_{(BR)CEO}$，应满足下列条件：

（1）功率管的最大功耗

功率管的最大功耗应大于单管的最大功耗，即

$$P_{CM} \geqslant \frac{1}{2} P_{Vmax} \approx 0.2 P_{omax} \tag{5-8}$$

（2）功率管的最大耐压

$$U_{(BR)CEO} \geqslant 2V_{CC} \tag{5-9}$$

这是由于一只管子饱和导通时，另一只管子承受的最大反向电压约为 $2V_{CC}$。

（3）功率管的最大集电极电流

$$I_{CM} \geqslant \frac{V_{CC}}{R_L} \tag{5-10}$$

三、乙类互补对称功率放大电路的仿真

1.仿真电路

运用 Multisim 10 仿真软件对乙类互补对称功率放大电路进行仿真。仿真电路如图 5-3 所示。

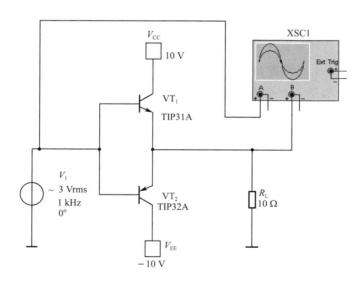

图 5-3　乙类互补对称功率放大电路的仿真电路

2. 输入端接入 u_i(f_i=1 kHz, u_i=3 V)

用示波器(DC 输入端)同时观察 u_i、u_o 的波形,并记录波形。

仿真结果如图 5-4 所示,明显观察到输出波形出现了交越失真现象。

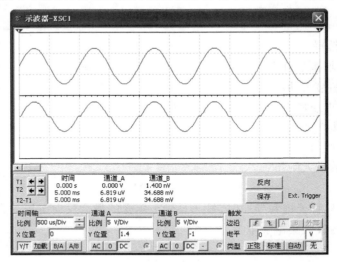

交越失真

图 5-4　乙类互补对称功率放大电路的仿真结果

结果表明,乙类互补对称功率放大电路的输出波形在过零点处_____(无失真 / 有明显失真)。

四、交越失真及其消除

问题的提出:通过乙类互补对称功率放大电路的仿真,我们看到输出波形在过零点处有明显失真,这是什么原因引起的呢?

在乙类互补对称功率放大电路中,因没有设置偏置电压,所以静态工作点设置在零点,$U_{BEQ}=0$,$I_{BQ}=0$,$I_{CQ}=0$。由于三极管存在死区,当输入信号小于死区电压时,三极管 VT_1、VT_2 仍不导通,输出电压 u_o 为零。这样,在信号过零附近的正、负半波交接处无输出信号,即出现了失真,该失真称为交越失真,如图 5-5所示。

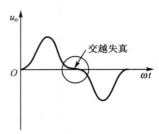

图 5-5　交越失真波形

为了解决交越失真,可给三极管加适当的基极偏置电压,甲乙类互补对称功率放大电路如图 5-6 所示。

它利用两只二极管 VD_1、VD_2 上的正向压降给 VT_1、VT_2 的发射结提供一个正向偏置电压,两管处于微导通的甲乙类工作状态,使工作点进入放大区。保证了三极管对小于死区电压的小信号也能正常放大,从而克服了交越失真。由于 I_{CQ} 的存在,甲乙类功放电路的效率较乙类推挽功放电路的效率低一些。由于二极管的动态电阻很小,对放大器的线性放大影响很小。

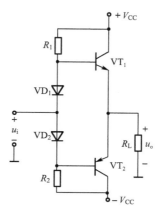

图 5-6　甲乙类互补对称功率放大电路

五、甲乙类互补对称功率放大电路的仿真

1.仿真电路

仿真电路如图 5-7 所示。

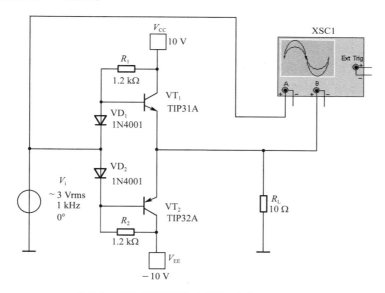

图 5-7　甲乙类互补对称功率放大电路的仿真电路

2.输入端接入 u_i（$f_i=1\ \text{kHz}$，$u_i=3\ \text{V}$）

用示波器（DC 输入端）同时观察 u_i、u_o 的波形,并记录波形。

仿真结果如图 5-8 所示,可以观察到甲乙类互补对称功率放大电路消除了输出波形的交越失真。

结果表明,相对于乙类互补对称功率放大电路而言,甲乙类互补对称功率放大电路的输出波形在过零点处_____（基本无失真 / 有明显失真）。

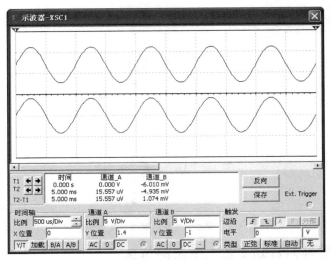

图 5-8　甲乙类互补对称功率放大电路的仿真结果

5.2.2　甲乙类 OTL 单电源互补对称功率放大电路

双电源互补对称功率放大电路由于静态时两管的发射极是零电位，所以负载可直接连接，不需要耦合电容，故也称为 OCL（无输出电容器 Output Capacitorless）电路。OCL 电路具有低频响应好、输出功率大、电路便于集成等优点，但需要双电源供电，使用起来有时会感到不便。如果采用单电源供电，只须在输入、输出极接入隔直电容即可，如图 5-9 所示。这种电路通常又称为无输出变压器电路，简称 OTL（Output Tranformerless）电路。

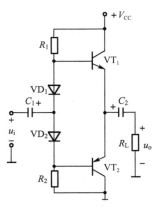

OTL 互补输出级
电路

图 5-9　单电源 OTL 功率放大电路

图中 R_1、R_2 为偏置电阻。适当选择 R_1、R_2 阻值，可使两管静态时发射极电位为 $V_{CC}/2$，于是电容 C_2 的电压也等于 $V_{CC}/2$。

当输入信号 u_i 处于正半周时，VT_1 导通、VT_2 截止，有电流流过负载 R_L，同时向电容 C_2 充电；当输入信号处于负半周时，VT_1 截止、VT_2 导通，已充电的电容 C_2 代替负电源向 VT_2 供电，并通过负载 R_L 放电。在这种电路中，电容 C_2 的容量应选得足够大，使电容 C_2 的充、放电时间常数远大于信号周期，就可以认为在信号变化过程中，电容两端电压基本保持不变。

与 OCL 电路相比,OTL 电路的优点是少用一个电源,故使用方便。缺点是由于电容 C_2 在低频时的容抗可能比 R_L 大,所以 OTL 电路的低频响应较差。从基本工作原理上看,两个电路基本相同,需要特别指出的是,在 OTL 电路中的每个三极管的工作电源都已变为 $V_{CC}/2$,已不是 OCL 电路的 V_{CC} 了,所以前面导出的计算 P_o、P_{DC}、P_V 的公式中的 V_{CC} 要用 $V_{CC}/2$ 代替。

【想一想】晶体管的最大耗散功率是否是电路的最大输出功率? 晶体管的耗散功率最大时,电路的输出功率是最大吗?

5.3 集成功率放大器

集成功率放大器具有输出功率大、外围连接元件少、使用方便等优点,目前使用越来越广泛。它的品种很多,但是大多数集成功放及其外围电路都有共同的规律,学习几个典型的集成功放电路,对于应用新型集成功放电路是有益的。

5.3.1 LM1875 介绍及其应用电路

LM1875 是美国国家半导体器件公司生产的音频功放电路,该集成电路内部设有过载、过热及感性负载反向电势安全工作保护,在使用 ±30 V 电源时可以为 8 Ω 负载提供 30 W 的功率;当使用单电源供电时,它能为 4 Ω 的负载提供 20 W 的功率,并且只产生 0.015％ 的失真,广泛应用于汽车立体声收录音机、中功率音响设备,具有体积小、输出功率大及失真小等特点。

一、LM1875 主要技术参数

(1)单、双电源,宽电压范围(单 16 ～ 60 V 或双 ±6 ～ ±30 V);

(2)最大不失真功率为 30 W;

(3)低失真度输出(30 W 时小于 1％);

(4)开环增益 90 dB;

(5)静态电流小于 100 mA;

(6)最大输出电流 4 A;

(7)最大摆幅率 8 V/μs。

外管脚的排列及功能如图 5-10 所示。

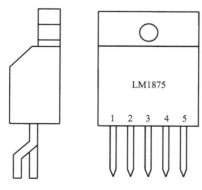

1—同相输入端
2—反相输入端
3—负电源端
4—输出端
5—正电源端

图 5-10　LM1875 管脚排列及功能

二、LM1875 集成功放的典型应用

1.双电源(OCL)应用电路

如图 5-11 所示电路是双电源时 LM1875 的典型应用电路。输入信号 u_i 由同相输入端输入,R_1、R_2、C_2 构成交流电压串联负反馈,因此,闭环电压放大倍数为

$$A_{uf}=1+\frac{R_1}{R_2}=21$$

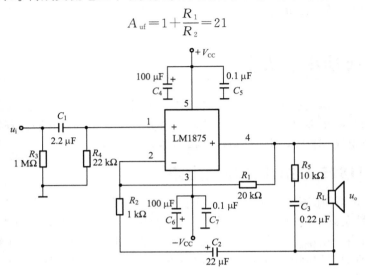

图 5-11 由 LM1875 构成的双电源功放电路

图中电容 C_4、C_5、C_6、C_7 为电源去耦滤波,其中 0.1 μF 小电容主要滤除高频噪声,R_5、C_3 构成扬声器补偿网络,可吸收扬声器的反电动势,防止电路振荡。

2.单电源(OTL)应用电路

对仅有一组电源的中、小型录音机的音响系统,可采用单电源连接方式,如图 5-12 所示。由于采用单电源供电,故同相输入端用阻值相同的 R_3、R_4 组成分压电路,使 K 点电位为 $V_{CC}/2$,经 R_5 加至同相输入端。在静态时,同相输入端、反相输入端和输出端皆为 $V_{CC}/2$。其他元器件的作用与双电源功放电路相同。

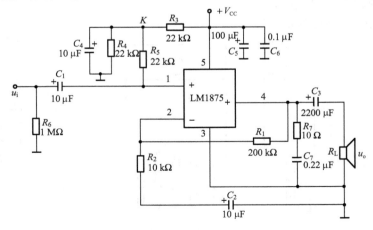

图 5-12 由 LM1875 构成的单电源功放电路

5.3.2 LM386 的介绍及其应用电路

LM386 是美国国家半导体公司生产的音频功率放大器,主要应用于低电压消费类产品。为使外围元器件最少,将电压增益内置为 20。在 1 脚和 8 脚之间增加一只外接电阻和电容,便可将电压增益调为任意值,直至 200。输入端以地为参考点,同时输出端被自动偏置到电源电压的一半,在 6 V 电源电压下,它的静态功耗仅为 24 mW,使得 LM386 特别适用于电池供电的场合。

一、LM386 主要技术参数

(1)电源电压 4～12 V;

(2)输出功率为 660 mW;

(3)带宽为 300 kHz;

(4)输入阻抗为 50 kΩ。

外管脚排列及功能如图 5-13 所示。

图 5-13 LM386 管脚排列及功能

二、OTL 典型应用电路分析

如图 5-14 所示为 LM386 集成功放典型应用电路,输入信号 u_i 由同相输入端输入,管脚 1、8 端外接 C_2、RP,调节 RP 可调节电路电压增益;管脚 7 外接去耦电容 C_5;管脚 5 通过电容 C_3 接扬声器负载,电路为 OTL 形式,R_1、C_4 并联在负载两端,主要用于改善频率响应。

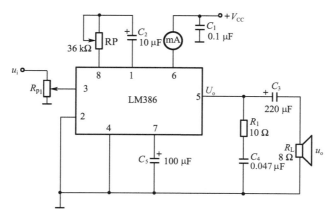

图 5-14 LM386 集成功放典型应用电路

5.4　实　训

5.4.1　集成功放的应用及其测试实训

一、实训目的

1.熟悉集成功率放大器 LM386 的功能及其应用。

2.掌握集成功率放大器应用电路的调整与测试方法。

二、实训电路

实训电路如图 5-15 所示。

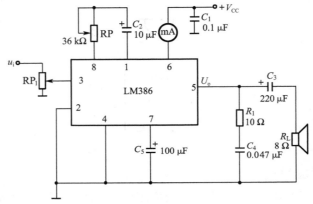

图 5-15　LM386 集成功放典型应用电路

三、实训器材

1.直流稳压电源

2.万用表

3.低频信号发生器

4.晶体管毫伏表

5.直流毫安表

6.示波器

7.实训线路板

四、实训步骤

1.如图 5-15 所示连接好电路。

接通电源,进行静态测试:观察是否存在自激振荡;测量输出电压;测量各脚对地电压,并读出静态时电源供电电流,计算静态功耗。

2.调整信号发生器,使其产生一个 1 kHz、10 mV 的正弦波信号,并输入到实训电路的输入端,这时扬声器中有音频信号声音发出,当调节 RP 时,声音的强弱将随之变化。

3.调节 RP 使声音最大,并用示波器测量实训电路输出端 5 脚的波形,然后再调节 RP₁使功率放大器的放大倍数逐步提高,同时观察示波器上的波形不能有失真出现(如果出现失真,应停止调节 RP_1,并向相反方向调回一点)。

4.在保证输出信号不失真的前提下,使输出的幅度最大,即扬声器中的声音既好听又最大,然后用毫伏表测量实训电路的电压增益,即 $A_u = U_o/U_i$。

5.观察部分元件的作用:分别断开 C_1、C_2、C_4,观察输出电压波形。

五、思考题

在信号不失真的情况下,只改变集成电路的电源电压,能否改变输出功率的大小?

5.4.2 功率放大器的设计与制作

一、设计指标

1.额定功率 $P_o = 0.5\ \text{W}$;

2.负载(扬声器)阻抗;

3.频响范围 50 Hz～20 kHz;

4.输入阻抗 $r_i > 20\ \text{kHz}$;

5.输出信号失真度 THD≤5.0%。

二、任务要求

完成原理图的设计、元器件参数的计算、元器件的选型、电路的制作与调试、电路性能的测试、设计文档的编写。

三、设计内容

1.电路组成结构的设计

电路组成结构图如图 5-16 所示。

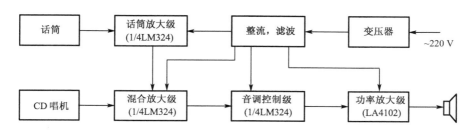

图 5-16 电路组成结构图

2.工作原理

(1)话筒放大器

由于话筒的输出信号一般只有 5 mV 左右,而输出阻抗达 20 kΩ(也有低输出阻抗的话筒如 20 Ω、200 Ω 等),所以话筒放大级的作用是不失真的放大声音信号,话筒放大级电路为同相比例运算电路,输入与输出电压的关系为

$$u_o = (1 + \frac{R_{22}}{R_{21}}) \times u_i$$

(2)混合放大级

其作用是对话筒放大器输出或者 CD 机输出的信号大小进行控制,使它们互不干预

地进行混合。这是一个反相加法器电路,输入与输出电压的关系为

$$u_o = -\left(\frac{R_5}{R_{25}} \times u_1 + \frac{R_5}{R_2} \times u_2\right)$$

式中:u_1 为话筒放大器输出电压,u_2 为 CD 唱机输出电压。

（3）音调控制级

该音调控制级属于常见的 RC 负反馈运算放大电路,低音和高音转折点频率的信号电压的增益调节范围为 ± 20 dB。

（4）功率放大级

功率放大级由集成电路 LA4102 及其外围电路构成,属于典型的 OTL 功率放大电路。

3.电路原理图的设计

电路原理图如图 5-17 所示。

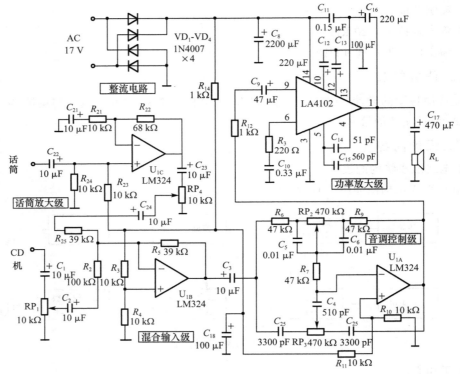

图 5-17　实用功率放大器制作电路原理图

四、装配、测试

1.清点、检测元器件,对照印制板图检查 PCB 板质量情况;

2.元器件整形、焊接,修剪焊脚;

3.检查焊点无虚焊、搭焊后通电检测;

4.连接示波器探头至各级输出端口处测试波形并作记录。

五、编写设计报告和答辩

写出设计制作的全过程,附上有关图纸资料,以小组为单位完成答辩。

本 章 小 结

1.功率放大电路的任务是向负载提供符合要求的交流功率,因此主要考虑的是失真度要小,输出功率要大,三极管的损耗要小,效率要高。主要技术指标是输出功率、管耗、效率、非线性失真等。

2.互补对称功率放大电路有 OCL 和 OTL 两种,前者为双电源供电,后者为单电源供电。

3.乙类互补对称功率放大电路效率高,达 78.5%,但存在着交越失真,在实际中多采用甲乙类互补对称功率放大电路,它可有效地消除交越失真,效率也较高。

4.集成功率放大电路具有功耗低、失真小、效率高、安装调试方便等优点,使用日趋广泛。

5.功率放大电路的散热十分重要,它关系到电路能否输出足够大的功率和能否安全工作等问题。

自 我 检 测 题

一、判断题(对的打√,错的打×)

1.功率放大电路的主要作用是向负载提供足够大的功率信号。   （   ）

2.顾名思义,功率放大电路有功率放大作用,电压放大电路只有电压放大作用而无功率放大作用。   （   ）

3.在功率放大电路中,输出功率最大时,功放管的功率损耗也是最大的。   （   ）

4.由于功率放大电路中的晶体管处于大信号工作状态,所以微变等效电路的方法已不再适用。   （   ）

5.当 OCL 电路的最大输出功率为 1 W 时,功放管的集电极最大耗散功率应大于 1 W。   （   ）

二、选择题

1.功率放大电路最重要的指标是_____。

A.输出功率和效率   B.输出电压的幅度   C.电压放大倍数

2.功率放大电路按三极管静态工作点设置的不同,可分为_____类、_____类和_____。

A.甲   B.乙   C.甲乙   D.a   E.b   F.ab

3.乙类互补对称功放电路的效率较高,在理想情况下可达_____(A.78.5% B.50%   C.75%),但这种电路会产生_____失真(A.饱和   B.截止   C.交越)。为了消除这种失真,应当使互补对称功放电路工作在_____状态(A.甲类   B.乙类 C.甲乙类)。

4.输出功率为 200 W 的扩音电路采用甲乙类功放,则应选功放管的 $P_V \geqslant$_____。

A.200 W   B.100 W   C.50 W   D.25 W

5.功率放大电路的最大输出功率是在输入电压为正弦波时,输出基本不失真情况下,负载上可能获得的最大_____。

A.交流功率   B.直流功率   C.平均功率

6.在输入信号为正弦波、输出不失真和忽略三极管饱和压降的情况下,OCL 功放电路中功放管最大管耗出现在_____。

A.输出功率最大时　　　　　　　　　　B.电路没有输出时

C.输出电压幅度为 $V_{CC}/2$ 时　　　　　　D.输出电压幅度为 $2V_{CC}/\pi$ 时

三、计算题

1.电路如图 5-18 所示,已知三极管为互补对称管,$U_{CES}=1$ V,试求:

(1)请说明该功放电路的类型;

(2)电路的电压放大倍数;

(3)最大不失真输出功率;

(4)每个三极管的最大管耗;

(5)电路的最大效率是多少?

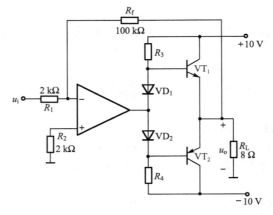

图 5-18　计算题 1 图

2.电路如图 5-19 所示,已知:$V_{CC}=18$ V,$R_L=8$ Ω,C_2 容量足够大,三极管 VT_1、VT_2 对称,$U_{CES}=1$ V,试求:

(1)最大不失真输出功率 P_{omax};

(2)每个三极管承受的最大反向电压;

(3)输入电压有效值 $U_i=10$ V 时的输出功率 P_o。

3.电路如图 5-20 所示,测量时发现输出波形存在交越失真,应如何调节?如果 K 点电位大于 $V_{CC}/2$,又应如何调节?

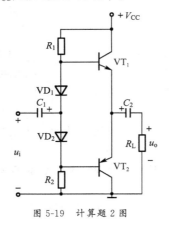

图 5-19　计算题 2 图

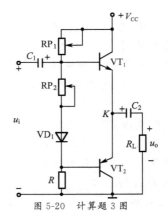

图 5-20　计算题 3 图

直流稳压电源 **第6章**

☞ **要求**

理解直流稳压电源的基本电路及其工作原理,掌握集成稳压器的特点、性能指标及其应用电路,熟悉开关稳压电路。

📖 **知识点**

- 半波整流电路、桥式整流电路
- 电容滤波电路、电感滤波电路
- 稳压电路
- 整流滤波电路的仿真

📢 **重点和难点**

- 桥式整流电容滤波电路的组成及参数计算
- 集成稳压器的应用
- 开关稳压电路的应用

6.1 直流稳压电源的组成

问题的提出:电子电路通常需要直流电源供电。在小功率的场合,可用电池作为直流电源;但在大量的电子设备中,直流电源则是利用电网 220 V 的交流电源(市电)经过转换而获得的。小功率直流稳压电源通常由哪些电路组成呢?

直流稳压电源通常由电源变压器、整流电路、滤波电路和稳压电路等四部分组成,其原理方框图如图 6-1 所示。

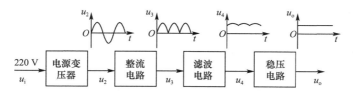

图 6-1 直流稳压电源原理方框图

一、电源变压器

为了得到合适的输出电压,经常采用电源变压器将电网电压 u_1 转换成符合整流需要的电压值 u_2。所以,电源变压器的主要任务是将电网电压变为所需的交流电压,同时还可以起到直流电源与交流电网的隔离作用。

二、整流电路

利用半导体二极管的单向导电性将正、负交替的交流电压 u_2 变换成单向脉动的直流电压 u_3。由于这种电压存在着很大的脉动成分(称为纹波),所以一般还不能直接用来给负载供电。

三、滤波电路

由于 u_3 含有较大的脉动成分,所以要通过滤波电路加以滤除,得到比较平滑的直流电压 u_4。

四、稳压电路

尽管经过整流、滤波后的电压接近于直流电压,但是其电压值的稳定性很差,考虑到电网电压的波动、负载和温度的变化,因此,还必须有稳压电路,以维持输出直流电压的基本稳定。

6.2 整流电路

将交流电变成单向脉动直流电的电路,称为整流电路。根据交流电的相数,整流电路分为单相整流、三相整流电路等,在小功率电路中(1 kW 以下)一般采用单相整流电路。常用的单相整流电路有半波、全波、桥式整流三种。

整流器件通常为二极管。为了简化分析,假设二极管是理想器件,即当二极管承受正向电压时,将其作为短路处理;当二极管承受反向电压时,将其作为开路处理。

6.2.1 单相半波整流电路

一、电路组成及工作原理

单相半波整流电路如图 6-2 所示。电源变压器 T 的初级线圈接到 220 V 交流电源上,VD 是整流二极管,R_L 是直流负载电阻,次级线圈感应的交流电压为

$$u_2 = \sqrt{2}U_2\sin\omega t \tag{6-1}$$

式中,U_2 为变压器次级电压有效值。在 u_2 正半周时,电源 a 端电位高于 b 端电位,二极管 VD 正向导通,电流自电源 a 端经二极管 VD 流过负载 R_L 回到电源 b 端。若略去二极管正向导通时的管压降不计,则加在负载 R_L 上的电压为 u_2 的正半周电压。在 u_2 负半周时,b 端电位高于 a 端电位,二极管 VD 反向截止,电路中电流为零。这时,R_L 两端电压即输出电压等于零,所以 u_2 的负半周电压全部加在二极管上。半波整流电路的电压波形如图 6-3 所示。

二、主要参数

若变压器次级电压 $u_2 = \sqrt{2}U_2\sin\omega t$,则半波整流电路输出电压

$$u_L = \begin{cases} u_2 = \sqrt{2}U_2\sin\omega t & 2n\pi \leqslant \omega t \leqslant (2n+1)\pi \\ 0 & (2n+1)\pi \leqslant \omega t \leqslant (2n+2)\pi \end{cases} \tag{6-2}$$

式中,$n = 0, 1, 2, 3\cdots$。

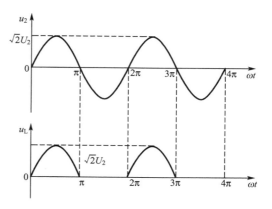

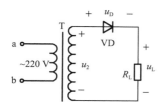

图 6-2　单相半波整流电路 　　　　　　　　图 6-3　半波整流电路的波形

1. 整流输出电压的平均值 $U_{L(AV)}$

整流输出的电压和电流是用一个周期内的平均值表示的。把式(6-2)按傅立叶级数展开,可求得半波整流电路的直流分量(即平均值)为

$$U_{L(AV)} = \sqrt{2}\,U_2/\pi \approx 0.45U_2 \tag{6-3}$$

2. 纹波系数 K_γ

纹波系数 K_γ 是描述整流输出电压 u_L 脉动情况的指标,它的定义为 u_L 的交流分量总的有效值 $U_{L\gamma}$ 与直流分量(平均值)$U_{L(AV)}$ 之比。由式(6-2)、式(6-3)可求得半波整流电路的纹波系数

$$K_\gamma = U_{L\gamma}/U_{L(AV)} = 1.21 \tag{6-4}$$

式中,$U_{L\gamma}$ 为谐波电压总有效值,其值为 $U_{L\gamma} = \sqrt{U_{L1}^2 + U_{L2}^2 + \cdots} = \sqrt{\dfrac{1}{2}U_2^2 - U_{L(AV)}^2}$。$K_\gamma > 1$ 表明半波整流电路输出电压的脉动成分比直流分量还要大。

3. 二极管的正向平均电流 $I_{D(AV)}$

二极管的正向平均电流 $I_{D(AV)}$ 是指一个周期内通过二极管的平均电流。在半波整流电路中,有

$$I_{D(AV)} = I_{L(AV)} \approx 0.45U_2/R_L \tag{6-5}$$

4. 二极管的最大反向峰值电压 U_R

二极管的最大反向峰值电压 U_R 是指二极管不导电时,在它两端承受的最大反向电压。对于半波整流电路有

$$U_R = \sqrt{2}\,U_2 \tag{6-6}$$

显然,在选择整流二极管时,必须满足以下两个条件:

(1)二极管的额定反向电压 U_{RM} 应大于其承受的最高反向电压 U_R,即
$$U_{RM} > U_R$$

(2)二极管的额定整流电流 I_F 应大于通过二极管的平均电流 $I_{D(AV)}$,即
$$I_F > I_{D(AV)}$$

【例题 6-1】　电热毯的温度控制电路如图 6-4 所示。整流二极管的作用是使保温时的耗电量仅为升温时的一半。如果此电热毯在升温时耗电 100 W,试计算对整流二极管的要求,并选择管子的型号。

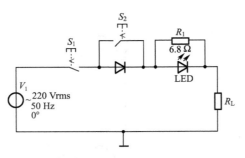

图 6-4 电热毯的温度控制电路

解 保温时(此时 S_1 闭合,S_2 断开)负载 R_L 上的平均电压为

$$U_{L(AV)} = 0.45U_2 = 0.45 \times 220 = 99 \text{ (V)}$$

由于升温时耗电 100 W,可以求出 R_L 值为

$$R_L = U_2^2/P = 220^2/100 = 484 \text{ (}\Omega\text{)}$$

因此有

$$I_{D(AV)} = U_{D(AV)}/R_L = 99/484 \approx 0.2 \text{ (A)}$$

$$U_R = \sqrt{2}U_2 \approx 1.4 \times 220 \approx 311 \text{ (V)}$$

对整流二极管的要求满足 $U_{RM} > 311$ V,$I_F > 0.2$ A,查晶体管手册可知,选用 2CZ53F($U_{RM} = 400$ V,$I_F = 0.3$ A)符合要求。

通过上面的例题分析可知:半波整流电路结构简单,但输出直流分量较低,输出纹波大,且只输出交流电的半个周期,电源利用率低。为克服上述缺点,在实际应用中常采用单相桥式整流电路。

三、半波整流电路的仿真

运用 Multisim 10 仿真软件对半波整流电路进行仿真,仿真电路如图 6-5 所示。示波器调整:X 轴扫描为 10 ms/Div,A 通道 Y 轴幅度为 200 V/Div,Y 轴位移 1;B 通道 Y 轴幅度为 50 V/Div,Y 轴位移-1。打开仿真电源开关,可观察输入、输出信号波形。

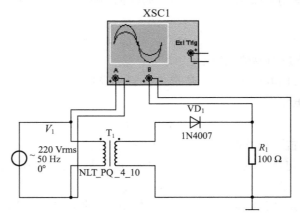

图 6-5 半波整流仿真电路

1.同时观察半波整流电路的输入和输出电压波形,并记录(画在坐标纸上)。

2.观察该电路并记录:

输入电压(指二极管输入)是_____(双极性/单极性),而输出电压是_____(双极性/单极性),且是_____(全波/半波)波形。

3.观察该电路并记录:

输出电压与输入电压的幅值_____(基本相等/相差很大)。

6.2.2　单相桥式全波整流电路

问题的提出:半波整流电路虽然结构简单,但输出直流分量较低、输出纹波大,且只输出交流电的半个周期,电源利用率低。如何通过电路的改进,来提高电源利用率呢?

一、电路组成及其工作原理

桥式全波整流电路如图 6-6 所示,其电源变压器与半波整流电路相同,四个二极管作为整流元件,接成电桥的形式,故称桥式整流电路。其中 VD$_1$、VD$_4$ 的负极接在一起,该处为输出直流电压的正极性端。同时 VD$_2$、VD$_3$ 的正极接在一起,该处为输出直流电压的负极性端。电桥的另外两端之间(二极管一正极性端和一负极性端连接在一起)加入待整流的交流电压。

单相桥式整流电路是一种全波整流电路。当 u_2 的波形为正半周时,VD$_1$、VD$_3$ 正向导通而 VD$_2$、VD$_4$ 反向截止,电流 i 由 2 端正极出发,经 VD$_1$、R_L、VD$_3$ 回到 3 端,这时负载 R_L 上获得一个与 u_2 正半周相同的电压 u_L($u_L = u_2$);当 u_2 的波形为负半周时,VD$_2$、VD$_4$ 正向导通而 VD$_1$、VD$_3$ 反向截止,电流 i 由 3 端出发,经 VD$_4$、R_L、VD$_2$ 回到 2 端,这时负载 R_L 上获得一个与 u_2 正半周相同的电压 u_L($u_L = -u_2$),因此,$u_L = |u_2|$。波形如图 6-7 所示。

单相桥式全波
整流电路

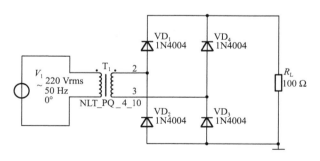

图 6-6　桥式全波整流电路

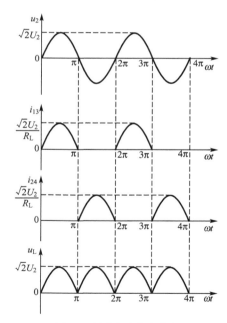

图 6-7　桥式整流电路波形

二、主要参数

1.整流输出电压的平均值 $U_{L(AV)}$

$$U_{L(AV)} = 0.9U_2 \qquad\qquad (6\text{-}7)$$

2.纹波系数 K_γ

$$K_\gamma = 0.843 \qquad\qquad (6\text{-}8)$$

3.二极管的正向平均电流 $I_{D(AV)}$

每一支二极管上流过的平均电流都是流过负载的平均电流的一半,即 $I_{D(AV)} = i_L/2$。

$$I_{D(AV)} = 0.45U_2/R_L \qquad\qquad (6\text{-}9)$$

4.二极管的最大反向峰值电压 U_R

$$U_R = \sqrt{2}U_2 \qquad\qquad (6\text{-}10)$$

综上所述,单相桥式整流电路的直流输出电压较高,输出电压的脉动程度较小,而且变压器在正、负半周都有电流供给负载,其效率高。因此该电路获得了广泛的应用。

【例题 6-2】 有一单相桥式整流电路,要求输入的交流电源电压为 220 V,输出的直流电压为 40 V、直流电流为 2 A,试选择整流二极管。

解 变压器次级电压的有效值 U_2 为

$$U_2 = U_L/0.9 = 40/0.9 \approx 44.4 \text{ (V)}$$

二极管承受的最高反向电压 U_R 为

$$U_R = 1.414U_2 = 1.414 \times 44.4 \approx 62.8 \text{ (V)}$$

二极管的平均电流 $I_{D(AV)}$ 为

$$I_{D(AV)} = I_L/2 = 2/2 = 1 \text{ (A)}$$

查阅半导体手册,可选择 2CZ6C 型硅整流二极管。该管的最高反向工作电压是 100 V,最大整流电流为 3 A。

为使用方便,经常使用桥式整流器件,它是将桥式整流电路中的四个二极管集中封装成一个整体,有四个管脚,其中有两个标有"～"符号的管脚,为交流电源输入端,另两个管脚为直流电压输出端,分别标有"+"、"−"符号的管脚,接负载端。整流桥实物如图 6-8 所示。

图 6-8 整流桥实物

三、桥式整流电路的仿真

运用 Multisim 10 仿真软件对桥式整流电路进行仿真,仿真电路如图 6-9 所示。示波器调整:X 轴扫描为 10 ms/Div,A 通道 Y 轴幅度为 200 V/Div,Y 轴位移 1;B 通道 Y 轴幅度为 20 V/Div,Y 轴位移 −1。打开仿真电源开关,可观察输入、输出信号波形。

1.观察桥式整流电路的输入和输出电压波形,并记录(画在坐标纸上)。

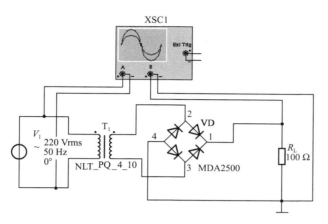

图 6-9　桥式整流的电路仿真

2.观察该电路并记录：

输入电压是＿＿＿＿＿＿＿＿（双极性/单极性），输出电压是＿＿＿＿＿＿＿＿（双极性/单极性），且是＿＿＿＿＿＿＿＿（全波/半波）波形。

3.观察该电路并记录：

输出电压与输入电压的幅值＿＿＿＿＿＿＿＿（基本相等/相差很大）。

【想一想】半波整流电路与桥式整流电路有何不同？桥式整流电路的交流输入端和直流输出的正极性端和负极性端有何特点？

6.3　滤波电路

问题的提出：经过整流电路输出的电压纹波太大，还不能直接给负载供电，必须经过滤波，使其平滑接近直流，才能作为直流电源。滤波电路常由电容、电感等电抗元件构成。电容滤波电路利用电容两端电压不能突变的特点，把电容和负载电阻并联使输出电压波形平滑从而实现滤波的功能。电感滤波电路利用电感的什么特性呢？电感与负载电阻是如何连接的呢？

6.3.1　电容滤波电路

一、电路组成及其工作原理

桥式整流电容滤波电路如图 6-10 所示，其中 C 为大容量的滤波电容。在下面的分析中，不考虑二极管的导通电压，而用 R_D 表示导通时各二极管的正向电阻和变压器损耗电阻之和，一般有 $R_D \ll R_L$。

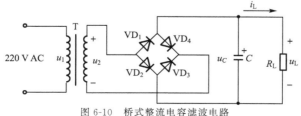

图 6-10　桥式整流电容滤波电路

1.空载时的情况

设电容初始电压 $u_C=0$,$t=0$ 时接通电源,于是 u_2 分别通过 VD_1、VD_3(u_2 的正半周)、VD_2 和 VD_4(u_2 的负半周)给 C 充电。由于没有放电回路,故 C 很快地就充到 u_2 的峰值,即 $u_L=u_C=\sqrt{2}U_2$ 且保持不变,无脉动。

2.带负载时的情况

桥式整流电容滤波电路的波形图如图 6-11 所示。设电容初始电压 $u_C=0$,$t=0$ 时接通电源,这时 u_2 为正半周,则 u_2 通过 VD_1、VD_3 给 C 充电,充电时间常数 $\tau_1=R_DC$ 较小,则电容两端的电压 u_C 快速上升。当 u_C 上升到如图 6-11 所示 a 点时,$u_C=u_2$,过了 a 点后 $u_C>u_2$,各二极管因反偏而截止,C 通过 R_L 放电,放电时间常数 $\tau_2=R_LC$ 较大,于是 u_C 缓慢下降。直至 u_2 为负半周的某一时刻,如 b 点处,$u_C=-u_2$。过了 b 点后 $u_C<-u_2$,二极管 VD_2、VD_4 导通(VD_1、VD_3 仍截止),于是 C 再次以 $\tau_1=R_DC$ 充电,u_C 又很快上升。当 u_C 上升到图 6-11 中 c 点后,各二极管又截止,C 又以 $\tau_2=R_LC$ 放电,u_C 又缓慢下降。直到 u_2 为第二个正半周的 d 点后,重复上述过程。

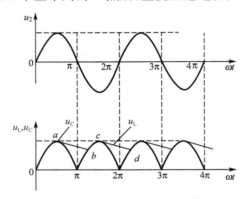

图 6-11 桥式整流电容滤波电路的波形图

由于 $\tau_1<\tau_2$,C 的充电速度远远大于放电速度,所以开始时充电的电荷量多于放电的电荷量,$u_L=u_C$ 不断上升。与此同时,充电时间(各二极管导通的时间)逐步减小,放电时间(各二极管截止的时间)逐步增大,因此在 u_C 上升的过程中,C 的充电电荷量逐渐减小,放电电荷量逐渐增大,直到一个周期内充、放电电荷量相等,即达到动态平衡。此后,电路工作在稳定的状态,u_L 就在平均值 U_L 上、下做小锯齿状的波动。由图 6-11 中 u_L 的波形可以看出,其纹波大大减小,接近直流电压。

二、主要参数

1.输出电压的平均值 U_L

经过滤波后的输出电压的平均值 U_L 得到了大幅升高,纹波大为减小,且 R_LC 越大,电容放电速度越慢,U_L 越高。

一般地工程上选择

$$U_L\approx1.2U_2 \tag{6-11}$$

2.二极管的额定电流 I_F

二极管的导通角很小(小于 $180°$),流过二极管的瞬时电流很大。在接通电源瞬间存

在很大的冲击尖峰电流,选择二极管时要求

$$I_F \geqslant (2 \sim 3)U_L/2R_L \tag{6-12}$$

3.滤波电容的选取

为了得到平滑的负载电压,滤波电容器常按下式选取

$$C \geqslant (3 \sim 5)\frac{T}{2R_L} \tag{6-13}$$

式中,T 为交流电源电压的周期。

总之,电容滤波电路简单,输出直流电压较高,纹波较小,但外特性较差,所以适用于负载电压较高、负载电流较小且负载变动不大的场合,作为小功率的直流电源。

【例题 6-3】 有一直流负载,要求 $U_L = 30\ \mathrm{V}$,$I_L = 500\ \mathrm{mA}$ 的直流电源。拟采用桥式整流电容滤波电路。试选择整流二极管的型号和滤波电容的规格。

解 (1)选择整流二极管

因为桥式整流电容滤波电路中 $U_L \approx 1.2U_2$,所以变压器次级电压有效值为

$$U_2 = \frac{U_L}{1.2} = \frac{30}{1.2} = 25\ (\mathrm{V})$$

二极管的平均电流为

$$I_{\mathrm{D(AV)}} = \frac{1}{2}I_L = \frac{1}{2} \times 500 = 250\ (\mathrm{mA})$$

二极管承受的最高反向电压为

$$U_{\mathrm{AM}} = \sqrt{2}U_2 = \sqrt{2} \times 25 \approx 35\ (\mathrm{V})$$

查阅半导体手册,选 2CZ54B 二极管四只,该管最大整流电流为 $500\ \mathrm{mA}$,最高反向工作电压为 $50\ \mathrm{V}$。

(2)选择滤波电容器

滤波电容器常按式(6-13)选取

$$C \geqslant 5\frac{T}{2R_L} = 5 \times \frac{0.02}{2 \times 30/0.5} \approx 833\ (\mu\mathrm{F})$$

取标称值 $1000\ \mu\mathrm{F}$,电容器耐压为 $(1.5 \sim 2)U_2 = (1.5 \sim 2) \times 25\ \mathrm{V} = (37.5 \sim 50)\ \mathrm{V}$。最后确定选 $1000\ \mu\mathrm{F}/50\ \mathrm{V}$ 的电解电容器 1 只。

三、桥式整流电容滤波电路的仿真

运用 Multisim 10 仿真软件对桥式整流电容滤波电路进行仿真,仿真电路如图 6-12 所示。示波器调整:X 轴扫描为 $10\ \mathrm{ms/Div}$,A 通道 Y 轴幅度为 $50\ \mathrm{V/Div}$,Y 轴位移 1;B 通道 Y 轴幅度为 $20\ \mathrm{V/Div}$,Y 轴位移 -1.2。打开仿真电源开关,可观察输入、输出信号波形和电压如图 6-13 所示。

滤波电路的仿真结果如图 6-13 所示,由图可见,交流电经整流后再经滤波网络平滑成有一定纹波的直流电压。这一直流电压,对于性能要求不高的电子设备,就可以作为直流电源使用。

在仿真电路中,增加了 J_1 和 J_2 两个开关,如图 6-12 所示。通过选择键盘 A 键和 B 键闭合开关 J_1、J_2,通过单击鼠标左键打开开关。这样更便于比较电容器在电路中的作用。

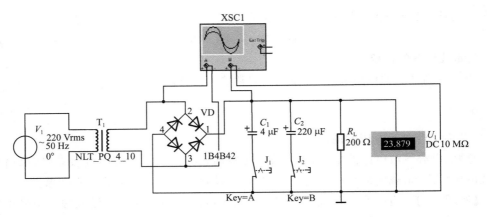

图 6-12　桥式整流电容滤波仿真电路

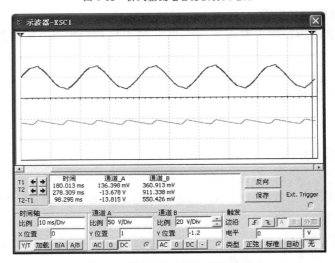

图 6-13　桥式整流电容滤波仿真结果

1.观察电容滤波电路的输出电压波形

(1)将输入、输出波形画在坐标纸上。

(2)输出电压直流分量为_____ V,纹波分量峰峰值(用 AC 挡测量)为_____ mV。

(3)输出电压纹波_____(已消失/仍存在),滤波后的纹波要比滤波前_____(大得多/小得多)。

(4)滤波后的输出电压的直流分量_____(大于/等于/小于)滤波前的输出电压的直流分量。

2.观察电容 C 和负载电阻 R_L 的变化对输出电压的影响

(1)电容 $C=220\ \mu F$ 时输出电压直流分量为_____ V,纹波分量峰峰值(用 AC 挡测量)为_____ mV。

(2)电容 $C=4\ \mu F$ 时输出电压直流分量为_____ V,纹波分量峰峰值(用 AC 挡测量)为_____ mV。

(3)电容 $C=1000\ \mu F$ 时输出电压直流分量为_____ V,纹波分量峰峰值(用 AC 挡测量)为_____ mV。

（4）电阻 $R_L=100\ \Omega$ 时输出电压直流分量为＿＿＿＿＿V，纹波分量峰峰值（用 AC 挡测量）为＿＿＿＿＿mV。

（5）电阻 $R_L=200\ \Omega$ 时输出电压直流分量为＿＿＿＿＿V，纹波分量峰峰值（用 AC 挡测量）为＿＿＿＿＿mV。

（6）电阻 $R_L=500\ \Omega$ 时输出电压直流分量为＿＿＿＿＿V，纹波分量峰峰值（用 AC 挡测量）为＿＿＿＿＿mV。

【想一想】为什么 R_LC 越大，得到的负载电压越平滑？当电容 C 一定，负载 R_L 变大时，输出电压如何变化？

6.3.2　其他形式滤波电路

一、电感滤波电路组成及其工作原理

电感滤波电路是在整流电路与负载之间串联一个电感线圈 L，如图 6-14 所示。

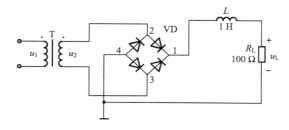

图 6-14　电感滤波电路

电感滤波电路是利用通过电感线圈的电流不能突变的特性来实现滤波的。当电感电流增大时，电感产生的自感电动势阻止电流的增加；当电感电流减小时，电感产生的自感电动势则阻止电流的减小。因此，当脉动电流从电感线圈通过时，将会变得平滑些。特别当负载变化引起输出电流变化时，电感线圈也能抑制负载电流的变化。电感线圈的电感量愈大，滤波效果愈好。如忽略线圈的电阻，输出电压为

$$U_L=0.9U_2 \tag{6-14}$$

电感滤波适用于一些大功率整流设备和负载电流变化较大的场合。电感线圈的铁芯粗大笨重，易引起电磁干扰。因此，在小型电子设备中很少采用电感滤波。

二、复式滤波电路组成及其工作原理

为进一步提高滤波效果，可将电感、电容、电阻组合起来，构成复式滤波电路。下面介绍由 LC 元件构成的倒 L 型滤波电路和由 RC 元件构成的 π 型滤波电路。

由于电感滤波电路适用于负载电流大的场合，而电容滤波电路适用于负载电流小的场合，为综合二者的优点，可在电感 L 后接一电容 C 构成 LC 倒 L 型滤波电路，如图6-15所示。由于整流输出先经过电感滤波，所以其性能和应用场合与电感滤波电路相似。显然，LC 滤波电路的滤波效果更好。

无论是电感滤波电路还是 LC 滤波电路，都含有体积大、笨重且易引起电磁干扰的电感。因此在负载电流不大的情况下，可用电阻 R 代替 L。如图 6-16 所示。其整流输出

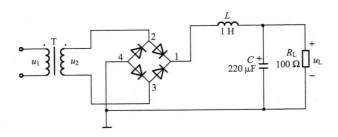

图 6-15　LC 滤波电路

电压先经过电容 C_1 滤波,再经 R、C_2 组成的 RC 倒 L 型滤波电路滤波,因此也称为复式滤波电路。两次滤波使纹波大为减小,而输出直流电压

$$U_L=[R_L/(R+R_L)]U_{C_1} \tag{6-15}$$

式中,U_{C_1} 为电容 C_1 两端的直流电压。可见,电阻 R 上的直流压降使 π 型滤波电路的输出直流电压减小,故 R 取值要小。但从滤波效果来看,R 越大,R_L 上的纹波越小,滤波效果越好,因此 R 的选择要兼顾两方面的要求。

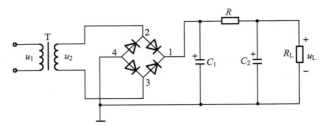

图 6-16　RC-π 型滤波电路

显然,RC-π 型滤波电路的性能和应用场合与电容滤波电路相似。如果负载电流较大,可用 L 取代 R,这就是 π 型滤波电路。

6.4　稳压电路

问题的提出:整流滤波电路也有一定的内阻,当负载电流变化时,其输出的直流电压也会发生变化。同时,交流电网电压允许有 $-15\%\sim+10\%$ 的偏差,输入交流电压的波动同样会引起输出直流电压的变化。如何解决这个问题来保证输出直流电压的稳定呢?

6.4.1　稳压电路的主要指标

稳压电路的指标分为两大类:一类为特性指标,用来表示稳压电路的规格,有输入电压、输出电压和输出功率等;另一类为质量指标,用来表示稳压性能。主要有以下几种指标。

一、稳压系数 S_r

稳压系数 S_r 是指当负载固定时稳压电路输出电压的相对变化量与输入电压的相对变化量之比。

$$S_r = \frac{\Delta U_o / U_o}{\Delta U_i / U_i} \bigg|_{R_L = 常数} \times 100\%\qquad(6\text{-}16)$$

这个指标反映了电网电压波动的影响,表示稳压电路保持输出电压稳定的能力。S_r越小,输出电压越稳定。由于工程上常常把电网电压波动±10%作为极限条件,所以也将此时的输出电压的相对变化作为衡量的指标,称为电压调整率。

二、输出电阻 R_o

R_o定义为:在整流滤波后输入到稳压电路的直流电压不变时,稳压电路的输出电压变化量 ΔU_o 与输出电流变化量 ΔI_o 之比。

$$R_o = -\frac{\Delta U_o}{\Delta I_o}\bigg|_{U_i = 常数}\qquad(6\text{-}17)$$

R_o反映了当负载变化时,稳压电路保持输出电压稳定的能力。显然,R_o越小,输出电压越稳定。式中,负号表示 ΔU_o 与 ΔI_o 变化方向相反。

除了以上两个主要指标外,还有一些指标,如反映输出电压脉动的最大纹波电压,通常为输出中 100 Hz 的交流成分,常用有效值或峰值表示;还有反映输出受温度影响的温度系数 S_T,它定义为输入电压和负载电流保持不变,并且在规定的温度范围内时,单位温度变化所引起的输出电压相对变化量的百分比。

6.4.2 稳压管稳压电路

一、电路组成及其工作原理

由硅稳压管组成的稳压电路如图 6-17 所示,R 为限流电阻,稳压管 VZ 为调整元件与负载 R_L 并联,该电路又称为并联型稳压管稳压电路。

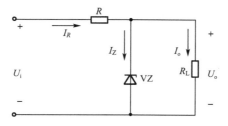

图 6-17　稳压管稳压电路

硅稳压管工作在反向击穿区,只要反向击穿电流不超过极限电流 I_{Zmax} 和极限功率 P_{ZM},稳压管就不会损坏。从稳压管特性可知,在电路中若能保持稳压管始终工作在 $I_{Zmax} \geqslant I_Z \geqslant I_{Zmin}$ 的区域内,输出电压 U_o 基本上是稳定的。

1.假设电网电压升高而使 U_i 上升时,输出电压 U_o 应随之升高。但稳压管两端反向电压的微小增量,会引起 I_Z 的急剧增加,从而使 I_R 加大,则在 R 上的压降也增大,因此抵消了 U_o 的升高,使输出电压基本维持稳定。

2.假设负载电阻减小而使 I_o 增大时,I_R 应随之加大,则在 R 上的压降也增大,所以 U_o 也应下降,但稳压管两端反向电压的略微下降,会引起 I_Z 的急剧减小,从而使 I_R 基本不变。

硅稳压管稳压电路是利用稳压管两端电压的微小变化来调节其电流 I_Z 较大的变化,通过改变电阻 R 上的压降,从而使输出电压 U_o 基本维持稳定。

二、限流电阻 R 的选择

限流电阻 R 的作用是,当电网电压波动或负载电阻变化时,使稳压管始终工作在稳压区,即 $I_{Zmax} \geqslant I_Z \geqslant I_{Zmin}$。若输入电压的最大值为 U_{imax},最小值为 U_{imin};负载电阻 R_L 的最大值为 R_{Lmax},最小值为 R_{Lmin}(即负载电流的最小值 $I_{omin} = U_Z/R_{Lmax}$,最大值 $I_{omax} = U_Z/R_{Lmin}$),则限流电阻 R 的取值应满足

$$\frac{U_{imax} - U_Z}{I_{Zmax} + I_{omin}} \leqslant R \leqslant \frac{U_{imin} - U_Z}{I_{Zmin} + I_{omax}} \tag{6-18}$$

即 R 的范围是 $R_{min} \leqslant R \leqslant R_{max}$,如果出现 $R > R_{max}$ 的情况,则说明已经超出稳压管的工作范围了,需更换稳压管。

6.4.3 串联型稳压电路

问题的提出:稳压管稳压电路虽然简单,但是输出电压不能调节,输出电流的变化范围小,稳压精度不高,因此稳压管稳压电路的应用范围受到一定的限制,如何改善稳压电路的性能呢?

一、电路组成及其工作原理

串联型稳压电路是目前较为通用的稳压电路类型,电路如图 6-18 所示。它主要由基准电压源、比较放大器、调整电路和采样电路四部分组成。

图中 U_i 是整流滤波电路的输入电压;R 和 VZ 组成稳压管稳压电路,提供基准电压 U_Z。运放 A 是比较放大器,它把采样电路 R_1、RP 和 R_2 从输出电压 U_o 取出一部分电压与基准电压进行比较,将比较结果放大后,送到调整管的基极去控制输出电压,三极管 VT 主要起电压调整作用。因为它与负载电阻串联,所以这种电路称为串联型稳压电路。

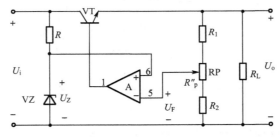

图 6-18 串联型稳压电路

当电网电压波动使 U_i 升高或者负载变动使 I_o 减小时,U_o 应随之升高,取样电压 U_F 也上升。因基准电压 U_Z 基本不变,它与 U_F 比较放大之后,使调整管基极电位降低,因此三极管 VT 的 I_C 减小,U_{CE} 增大,从而使输出电压 U_o 基本保持不变。

同理,当 U_i 下降或者 I_o 增大时,U_o 应随之下降,取样电压 U_F 也减小,它与基准电压 U_Z 比较放大后,使调整管基极电位升高,因此三极管 VT 的 I_C 增大,U_{CE} 减小,使电路仍然保持输出电压基本不变,从而实现稳压的目的。

二、输出电压的调整范围

由图 6-18 可知,输出电压的变化是通过调节电位器 RP 实现的,取样电压 U_F 为

$$U_F = \frac{R_2 + RP''}{R_1 + R_2 + RP}U_o \qquad (6-19)$$

由于 $U_Z \approx U_F$，所以稳压电路输出电压 U_o 等于

$$U_o = \frac{R_1 + R_2 + RP}{R_2 + RP''}U_Z \qquad (6-20)$$

由此可见，改变取样电路中间电位器抽头的位置，可以调节输出电压 U_o 的大小。当电位器调至 RP 的上端时，$RP''= RP$，此时输出电压最小，故

$$U_{omin} = \frac{R_1 + R_2 + RP}{R_2 + RP}U_Z \qquad (6-21)$$

当电位器调至 RP 下端时，$RP''=0$，此时输出电压最大，故

$$U_{omax} = \frac{R_1 + R_2 + RP}{R_2}U_Z \qquad (6-22)$$

三、串联型稳压电路的仿真

运用 Multisim 10 仿真软件对串联型稳压电路进行仿真，仿真电路如图 6-19 所示。

打开仿真电源开关，电压表显示串联型稳压电路的输出电压。通过 A 键和 Shift＋A 的调整，输出电压在 10.40～31.26 V 任意变化。

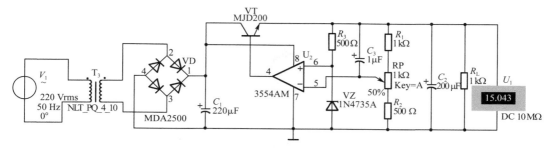

图 6-19　串联型稳压电路的仿真电路

1.调整电位器 RP 中心抽头的位置，观察输出电压的变化。

2.按照表 6-1 的要求改变输入电压，记录仿真结果。

表 6-1　　　　　　　　输入电压 U_i 变化对输出电压 U_o 的影响

输入电压 U_i	242 V	198 V	150 V
输出电压 U_o			

仿真结果表明，当输入电源电压变化时，串联型稳压电路_____（可以/不可以）实现稳压。

3.按照表 6-2 的要求改变负载电阻，记录仿真结果。

表 6-2　　　　　　　　负载电阻 R_L 变化对输出电压 U_o 的影响

负载电阻 R_L	1000 Ω	100 Ω	10 Ω
输出电压 U_o			

仿真结果表明，当负载电阻变化时，串联型稳压电路_____（可以/不可以）实现稳压。

【想一想】串联型稳压电路是如何实现输出电压调整的？如何确定输出电压的调整范围？

6.4.4 集成稳压器

问题的提出：分立元件稳压电路存在元件数量多、可靠性差、体积大等缺点，而集成稳压器具有体积小，外围元件少，性能稳定、使用方便等优点，近年来已得到广泛的应用，尤其以三端集成稳压器应用最为广泛。如何制作实用的稳压器呢？

集成稳压电路的类型很多，按结构形式可分为串联型、并联型和开关型；按输出电压类型可分为固定式和可调式。作为小功率的稳压电源，以三端式串联型稳压器的应用最为普遍。

一、三端电压固定式集成稳压器

三端电压固定式集成稳压器有正电压输出的 78XX 和负电压输出的 79XX 两个系列，每个系列按输出电压的不同（指绝对值）又有 5 V、6 V、9 V、12 V、15 V、18 V 和24 V 等多个挡。它们型号的后两位数字就表示输出电压值，如：7812 表示输出电压为 +12 V，7912 表示输出电压为 -12 V，这类稳压器的最大输出电流可达 1.5 A（需装散热片）。同类产品还有 W78M00 系列、W79M00 系列，输出电流为 0.5 A；此外还有 W78L00 系列，W79L00 系列，输出电流为 100 mA。常见的集成三端稳压器外形如图6-20所示。

TO-92   TO-220   DPAK TO-252

SOT-82   TO-3   SOT-194

图 6-20 集成三端稳压器外形图

三端电压固定式集成稳压器原理框图如图 6-21 所示，它由启动电路、基准电压、取样、放大、调整及保护等部分组成。全部元件集成在很小的硅片上，故称为单片稳压器。同分立元件稳压器、多端可调式集成稳压器的工作原理和电路结构基本相同。

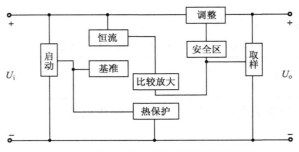

图 6-21 三端电压固定式集成稳压器原理框图

1.性能指标

（1）最大输入电压 U_{imax}，即在保证集成稳压器安全工作时，所允许的最大输入电压。

（2）最小输入、输出电压差值 $(U_{\mathrm{i}}-U_{\mathrm{o}})_{\mathrm{min}}$，即保证稳压器正常工作时所需的最小输入、输出电压之间的差值。

（3）输出电压 U_{o}。

（4）最大输出电流 I_{omax}，即保证集成稳压器安全工作时允许的最大电流。

（5）输出电阻 R_{o}，它表示输出电流从零到某一规定值时，输出电压的下降量 ΔU_{o}。它反映负载变化时的稳压性能。R_{o} 越小，稳压性能越好。

2.三端电压固定式集成稳压器的应用

W78XX 系列作为固定输出时的典型接线如图 6-22 所示。为保证稳压器正常工作，最小输入、输出电压差至少为（2～3）V。电容 C_1 在输入线较长时抵消电感效应，以防止产生自激振荡；C_2 是为了消除电路的高频噪声，改善负载的瞬间响应。如果需要负电源时，可采用 W79XX 系列，如图 6-23 所示。如果将 W78XX 和 W79XX 系列配合使用，可以得到正、负输出的稳压电路，如图 6-24 所示。

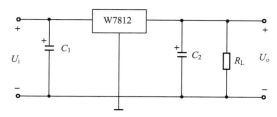

图 6-22　正电压输出电路

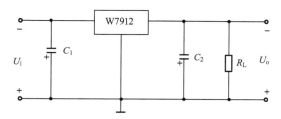

图 6-23　负电压输出电路

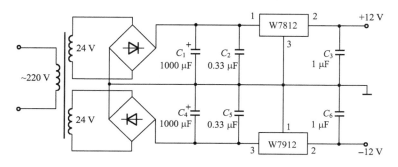

图 6-24　正、负输出的稳压电路

二、三端电压可调式集成稳压器

三端电压可调式集成稳压器不仅输出电压可调,其性能也优于三端电压固定式集成稳压器,该集成稳压器分为正电压输出和负电压输出两类,正输出电压稳压器如 W117 系列(有 W117、W217、W317);负输出电压稳压器如 W137 系列(有 W137、W237、W337)。其特点是电压调整率和负载调整率指标均优于三端电压固定式集成稳压器,且同样具有过热、限流和安全工作区保护。其内部电路与固定式 W78XX 系列相似,所不同的是三个端子分别为输入端、输出端及调整端。在输出端与调整端之间为 $U_{REF} = 1.25$ V 的基准电压,从调整端输出的电流为 $I_{REF} = 50$ μA。

常见的基本稳压电路如图 6-25 所示。为保证稳压器在空载时也能正常工作,尤其流过电阻 R 的电流不能太大,一般取 $I_R = 5 \sim 10$ mA,故 $R = U_{REF}/I_R = (120 \sim 240)$ Ω。由图可知,调节 RP 可改变输出电压的大小,输出电压为

$$U_o = U_{REF}(1 + RP/R) \tag{6-23}$$

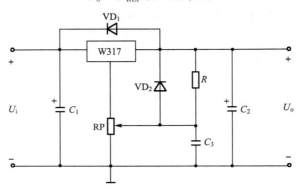

图 6-25　三端电压可调基本稳压电路

电路中 C_1 用来消除输入长线引起的自激振荡,C_2 用来提高纹波抑制比,可达80 dB,C_3 用来抑制容性负载时的阻尼振荡。

W317 的基准电压是 1.25 V,使得输出电压只能从 1.25 V 向上起调。在实际应用中,有时要求稳压电源从零伏开始起调。如果电位器 RP 不接地,而接一个 -1.25 V 的电压,便可做到集成稳压器的输出电压从零伏开始向上调节,如图 6-26 所示。该电路输出电压为 0～30 V 连续可调,R_2 是限流电阻,稳压管 VZ 的稳定电压值为 1.25 V,用来与 U_{REF} 相抵消。

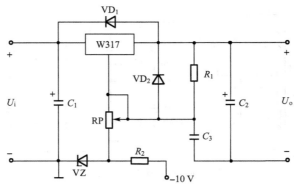

图 6-26　0～30 V 连续可调稳压电路

三、三端电压可调式集成稳压器的仿真

运用 Multisim 10 仿真软件对三端集成稳压电源 LM7812CT 的应用电路进行仿真，仿真电路如图 6-27 所示。打开仿真开关，当输入电压在 240～198 V 变化时输出电压维持在 11.863～11.858 V；调整负载阻值在 100～1000 Ω 变化时输出电压维持在 11.834～11.966 V。示波器调整：X 轴扫描为 10 ms/Div，A 通道 Y 轴幅度为 20 V/Div，B 通道选择 DC 模式，Y 轴幅度为 10 mV/Div。分别显示变压器次级信号和整流滤波信号。

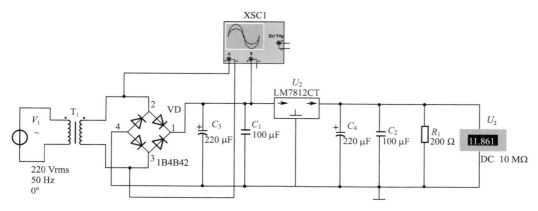

图 6-27　三端集成稳压电源的仿真电路

1.按照表 6-3 的要求改变输入电压，记录仿真结果。

表 6-3　　　　　　　　　输入电压 U_i 变化对输出电压 U_o 的影响

输入电压 U_i	242 V	198 V	150 V
输出电压 U_o			

仿真结果表明，当输入电源电压变化时，三端集成稳压电路_____（可以/不可以）实现稳压。

2.按表 6-4 的要求改变负载电阻，记录仿真结果。

表 6-4　　　　　　　　　负载电阻 R_L 变化对输出电压 U_o 的影响

负载电阻 R_L	1000 Ω	100 Ω	10 Ω
输出电压 U_o			

仿真结果表明，当负载电阻变化时，三端集成稳压电路_____（可以/不可以）实现稳压。

3.测量稳压前的交流纹波电压和稳压后的交流纹波电压，证明稳压源性能大大提高。

运用 Multisim 10 仿真软件对三端可调集成稳压电源 LM117 的应用电路进行仿真，仿真电路如图 6-28 所示。打开仿真电源开关，当输入电压在 60 V 时输出电压在 1.5～54 V 变化；调整负载阻值在 100～1000 Ω 变化时观察输出电压的变化。

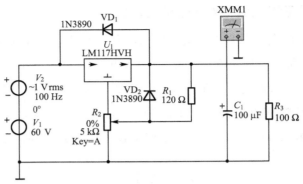

图 6-28　三端可调集成稳压电源 LM117 的仿真电路

6.4.5　开关稳压电源

一、开关稳压电源的特点

　　由于串联型稳压电路中的调整管工作在线性放大状态,要消耗较大的功率,故整个电源的效率低,仅为 30％左右,并且要安装较大面积的散热片。如果让调整管工作在开关状态,组成开关稳压电源,则可以利用开和关的时间比例进行调整,然后再进行滤波,得到稳定的直流电压。在这种电路中,当调整管饱和导通时,有较大的电流通过,但饱和压降很小,因而管耗不大。而在调整管截止时,尽管管压降很大,但通过的电流很小,管耗也很小。如果开关速度很快,经过放大区的过渡时间很短,这样调整管的功耗就可很小,电源功率就可提高到 60％甚至 80％以上。此外,也不需要加装散热器,减小了电路的体积和重量。然而从电路结构分析,开关稳压电路比具有放大环节的串联型稳压电路复杂,成本较高。但近年来由于集成开关稳压器件的出现,其性能和精度进一步提高,电路器件减少,成本降低,功率在 50～100 W,其价格功率比具有较大优势。故目前在计算机、航天设备、电视机、通信设备、数字电路系统等装置中广泛使用开关稳压电源。

　　开关稳压电源的种类很多,按开关管控制信号的调制方式不同可分为:脉冲调宽、调频、调宽调频混合式三种;按开关稳压电路中的开关控制信号是否由电路自身产生,可分为自激式和他激式开关稳压电源。

　　另外,作为直流电源类型,还有将直流变换成交流,由变压器升压后再转换成较高的直流电压的电源,称为直流变换型电源。

二、电路及其工作原理

　　开关稳压电源的原理电路如图 6-29 所示。U_i 为整流滤波后的直流电压。三极管 VT 为调整元件,工作于开关状态。由运放 A、基准电压 U_{REF} 和 R_1、R_2 组成滞回比较器,作为开关控制电路,其输出的方波信号控制调整管的基极。调整管 VT 的发射极电位为矩形波,再由 L、C、VD 组成储能续流滤波电路变换成平滑的直流电压输出。

　　工作原理如图 6-30 所示。输入电压通过开关 K 加到 P 点,当开关 K 闭合时,P 点的电位等于 U_i,二极管 VD 截止,负载 R_L 上有电流流过,同时 U_i 给 L、C 充电。当 K 断开时,电感 L 上产生反向电动势,极性是左负右正,在自感电势的作用下,二极管 VD 导通

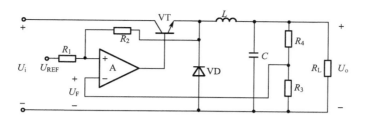

图 6-29 开关稳压电源的原理图

使负载 R_L 上继续有电流流过,当电感上的电势下降时,电容继续给 R_L 提供电流,二极管 VD 称为续流二极管。忽略二极管的管压降,P 点的电位为 0。由此可见,只要周期性地控制开关 K 的通断,P 点的波形就为一个矩形脉冲波。在 P 点的脉冲波中,含有一些高次谐波,可通过 LC 电路进行滤除。LC 的数值越大,K 的频率越高,滤波效果越好,负载 R_L 上的直流成分越高。

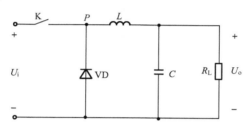

图 6-30 开关稳压电源简化图

稳压过程:如图 6-29 所示,在闭环的情况下,电路能自动调节使输出电压 U_o 稳定。在 R_1、R_2 和 R_3、R_4 已确定的情况下,由于 U_i 的不稳定或 R_L 的变化,都将引起输出电压 U_o 的变化,经 R_3、R_4 的分压作用使取样电压 U_F 也随着变化,这将导致运放 A 输出高电平的时间也发生变化,这样就进一步影响开关管 VT 的导通时间 T_{on},从而控制输出电压 U_o 自动维持稳定。

由此可见,开关稳压电路是以自动调节开关管的开关时间来实现稳压的,开关频率一般取 $10 \sim 100$ kHz 为宜。这是因为若开关频率过高,将使开关管在单位时间内开关转换的次数增加,开关管的功耗也随之增加,效率降低;若开关频率过低,则会导致输出电压的交流成分增加。

三、开关稳压电源的仿真

运用 Multisim 10 仿真软件对串联型开关稳压电源进行仿真,仿真电路如图 6-31 所示。信号源频率采用 10 kHz,占空比为 30%,幅度为 100 V。

R_1 为开关晶体管等效内阻。

L_1 为储能电感、C_1 为输出(储能)电容,取值越大,输出越稳定。

VD_1 为续流二极管。

R_L 为负载电阻,取值越小,负载越重。

打开仿真电源开关,仿真输入波形如图 6-32 所示。

仿真示波器 A 通道为输入占空比为 30%、幅度为 100 V 的脉冲电压。

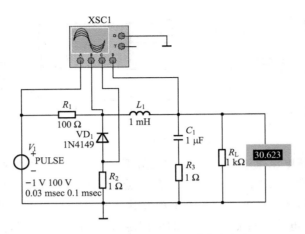

图 6-31 串联型开关稳压电源的仿真电路

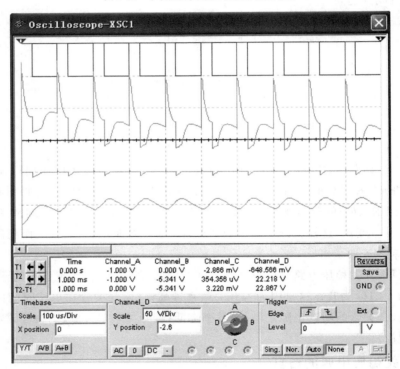

图 6-32 串联型开关稳压电源的仿真波形

仿真示波器 B 通道为续流二极管负极电压,尖峰电压值约为 110 V,发生在输入电压的上升沿。

仿真示波器 C 通道为续流二极管的续流,平时没有数值为 0,当输入电压下跳为 0 时,瞬时产生的电压可达到 232 mV。

仿真示波器 D 通道为输出电压波形,可以看出晶体管导通时输入的正脉冲使 C_1 充电,输出电压呈上升趋势,晶体管截止时反向脉冲续流对 C_1 充电,输出电压仍维持部分的上升趋势。

当 C_1 的容量选取几十微法时,输出波形将为平坦直线。

调整输入电压脉宽,观察稳压效果;调整负载阻值在 $100 \sim 1000\ \Omega$ 变化时观察输出电压的变化。

6.5 实 训

6.5.1 直流稳压电源的实训

一、实训目的

熟悉单相桥式整流电路、电容滤波电路和集成稳压电路组成的直流稳压电源实际电路,掌握有关测量稳压电源的电压调整率和电流调整率的方法。

二、实训电路

直流稳压电源电路如图 6-33 所示。

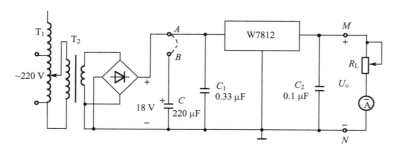

图 6-33 直流稳压电源电路

三、实训器材

1.自耦调压器 T_1

2.降压变压器 T_2

3.万用表

4.直流稳压电源

5.实训线路板

四、实训步骤

1.检查实训设备无误后,在切断交流电源的情况下连接实训线路。经复查后,开启交流电源进入实训。

2.测量空载时直流电压 U_o 的值,填入表 6-5 中。

表 6-5　　　　　　　　　　　　　　　　测量 U_o

电网交流电压	负载	W7812 输入电压	输出电压
220 V	开路		

3.测量负载电流 I_o 变化时,输出电压 U_o 的稳定情况。调节 T_1,使 T_2 的输入电压 U_i =220 V,电路正常应输出电压 U_o=12 V。调节负载 R_L 的值使负载电流 I_o 按照实训表 6-6 中给出的数据变化,每次测出相应的 U_o 值,填入表 6-6 中。

表 6-6　　　　　　　　　　　　负载电流 I_o 变化时测量 U_o 值

I_o	0 A	0.2 A	0.4 A	0.6 A	0.8 A	1.0 A	1.2 A
U_o							

4.测量电压调整率,调节 T_1 使 U_i=220 V,电路输出电压 U_o=12 V。调节负载 R_L 的值使负载电流 I_o=1 A。重新调节 T_1,使 U_i 在 220 V±10% 的范围内变化,测出相应的输出电压 U'_o,算出 $\Delta U_o = U'_o - U_o$,并按公式 $S_u = \dfrac{|\Delta U_o|}{U_o}$,算出电压调整率 S_u,取平均值填入表 6-7 中。

表 6-7　　　　　　　　　　　　　　　　电压调整率测量

额定输出电压 U_o		
电源电压 U_i 变动±10%		
对应的输出电压 U'_o		
输出电压变化量 ΔU_o		
电压调整率 $S_u = \dfrac{|\Delta U_o|}{U_o}$		

五、思考题

使用三端集成稳压器时,通常在输入、输出端接一个二极管,其目的是什么?

6.5.2　直流稳压电源的设计与制作

目前采用较多的是三端稳压器,这里主要讨论以三端集成稳压器为核心组成的直流稳压电源的设计与制作。

设计指标要求如下:

1.输出电压 U_o=12 V

2.最大输出电流 I_{omax}=1 A

3.输出纹波(峰峰值)小于 2.5 mV

4.其他指标要求同三端集成稳压器

设计与制作步骤如下:

一、画电路原理图

电路原理图如图 6-34 所示。该电路采用 7812 系列,正常工作时,输入、输出电压差为 2~3 V。电路中接电容 C_2、C_4 用来实现频率补偿,防止稳压器产生高频自激振荡并抑制电路引入的高频干扰;C_3 是电解电容,以减小稳压电源的低频干扰;VD_5 是保护二极管,当输入端短路时,给输出电容器 C_3 一个放电通路,防止造成调整管击穿而损坏。

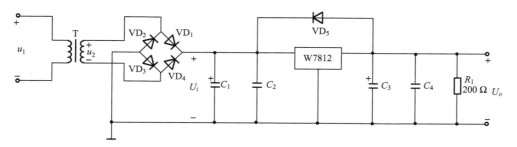

图 6-34 三端集成稳压电路图

二、元器件参数的选择

1.三端稳压器选择 W7812,其输出电压和输出电流均满足指标要求。

2.VD_5 选择小功率二极管 1N4001。

3.根据工程经验,C_2、C_4 为瓷片电容,取值为 $C_2 = 0.33~\mu F$,$C_4 = 0.1~\mu F$。

4.C_3 一般为电解电容,耐压应大于输出电压 1.5 倍。C_3 取 220 μF,耐压 25 V。

5.确定 U_i 和 U_2,一般情况下,U_i 应比 U_o 高 3 V 左右(太小影响稳压;太大稳压器功耗大,易受热损坏),所以可取 $U_i = 16$ V。

由式(6-11)可取变压器次级电压有效值 U_2 为

$$U_2 = \frac{U_i}{1.2} = \frac{16}{1.2} \approx 13.3(\text{V})$$

由于变压器规格的限制,取 $U_2 = 13$ V。

6.滤波电容 C_1 由式(6-13)$C \geqslant (3 \sim 5)\frac{T}{2R_L}$ 确定,式中 T 为市电交流电源的周期,

$T = 20$ ms;R_1 为 C_1 右边的等效电阻,应取最小值,由于输出电流为 1 A,$R_{Lmin} = \frac{U_i}{I_{omax}} = 16~\Omega$,取 C_1 为

$$C_1 = \frac{3T}{2R_{Lmin}} = \frac{3 \times 20 \times 1000}{2 \times 16} = 1875~(\mu F)$$

C_1 取标称值 2000 μF,耐压 25 V。

7.选择整流二极管 $VD_1 \sim VD_4$,整流二极管的参数应满足最大整流电流 $I_F \geqslant 5I_{omax} = 5$ A;最大反向电压 $U_R > 2\sqrt{2}U_2 \approx 36.4$ V。

查手册可选择整流二极管 $VD_1 \sim VD_4$。

8.确定变压器功率,考虑电网电压 10% 的波动,稳压电路的最大输入功率为

$$P = 1.1U_i I_{omax} = 1.1 \times 16 \times 1 = 17.6~(\text{W})$$

考虑变压器和整流电路的效率并保留一定的余量,选变压器输出功率为 20 W。

三、电路仿真调试

在完成电路的初步设计后,再对电路进行仿真调试,目的是为了观察和测量电路的性能指标并调整部分元器件参数,从而达到各项指标的要求。

1.测量输出电压和最大输出电流并判断是否满足指标要求,如不满足,则可能是由输入电压 U_i、变压器输出功率、整流二极管最大整流电流 I_F 引起的,应进行相应的调整。

2.测量输出纹波电压并判断是否满足指标要求,如不满足,则应加大滤波电容值(可采用参数扫描并确定数值)。

其他指标与三端稳压器相同,一般无须测量。

四、电路焊接与装配

1.元器件检测识别;

2.元器件管脚预处理;

3.基于 PCB 板的元器件焊接与电路装配。

五、实际电路测试

选择测量仪器仪表,对电路进行实际测量与调试。

六、编写设计报告和答辩

写出设计制作的全过程,附上有关图纸资料,以小组为单位完成答辩。

本 章 小 结

1.电子电路的供电,常常是由交流电网电压经过变压、整流、滤波和稳压等电路转换为稳定的直流电压而实现的。

2.整流电路是利用二极管的单向导电性实现把交流电压变换成脉动的直流电压。它有半波整流、桥式整流等形式,常用的是桥式整流电路。

3.由于整流电路的输出电压纹波系数太大,故需接滤波电路,以获得平滑的直流电压。滤波电路主要有电容滤波和电感滤波两大类,前者适用于负载电流小且负载几乎不变的小功率直流电源,后者适用于电流大且负载经常变动的大功率直流电源。

4.为了使输出电压不受电网电压、负载和环境温度的影响,还应接入稳压电路,常用的是串联型稳压电路。随着集成技术的发展,串联型稳压电路已实现了集成化,这就是三端集成稳压器。它的应用电路有电压固定、输出电压可调等基本形式。其中,W78XX 系列为固定正电压输出,W79XX 系列为固定负电压输出,WX17 系列为可调正电压输出,WX37 系列为可调负电压输出。

5.在大、中型功率稳压电路中,为了减小调整管的功耗,提高电源效率,常采用开关稳压电路。

一、填空题

1.在半波整流电路中,整流二极管的导通角为( ),输出电压是( )。

2.在滤波电路中,滤波电容在选取时,一般要求为( )容量的电解电容。

3.电容滤波时,整流二极管的冲击电流主要体现在两方面:一是( );二是整流二极管( )很小。

4.串联型稳压电路中的稳压管 VZ 工作在( )区,利用了( )变化很大,而( )变化很小的特性。

5.在一些大、中功率的稳压电源中多采用( )型稳压电源,大大地提高了电源的效率,一般可达( )%。

6.三端集成稳压器输出电流变大时,集成稳压器必须加装( ),输出端一定要接( )。

二、选择题

1.滤波的主要目的是_____。

A.将交流变为直流　　　　　　B.将交、直流混合量中的交流成分去掉

2.在稳压电路中,当 U_i 或 I_o 发生变化时,_____。

A.U_o 不会发生任何变化　　　B.U_o 有小的变化

3.串联型稳压电路中,被比较放大器放大的量是_____。

A.基准电压　　　　　　B.取样电压　　　　　　C.误差电压

4.桥式整流电路中的一个二极管若极性接反,则_____。

A.输出波形为全波　　　B.输出波形为半波　　　C.无输出波形

5.三端稳压器 W7812 的 1 脚为_____。

A.输入端　　　　　　B.输出端　　　　　　C.公共端

6.要获得 6 V 的稳定电压,集成稳压器的型号应选用_____。

A.W7906　　　　　　B.W7806　　　　　　C.W7809

7.三端集成稳压器 CW7805 的最大输出电流为_____。

A.0.5 A　　　　　　B.1.0 A　　　　　　C.1.5 A

8.在桥式整流电路中,若一个整流二极管开路,则_____。

A.输出波形为半波　　　B.输出波形为全波　　　C.无输出波形

9.开关稳压电源效率比串联型线性稳压电源高的主要原因是_____。

A.输入电源电压低　　　B.采用 LC 滤波电路　　　C.调整管处于开关状态

三、判断题(对的打√,错的打×)

1.整流的主要目的是将交流变直流。　　　　　　　　　　　　　　　　　(   )

2.滤波电容没有正、负极之分。　　　　　　　　　　　　　　　　　　　(   )

3.串联型直流稳压电源适用于大电流,而负载不发生变化的场合。　　　　(   )

4.三端集成稳压电源分为 W78XX、W79XX 两个系列,其中 W78XX 系列输出的电压是正值。　　　　　　　　　　　　　　　　　　　　　　　　　　　（　　）

5.三端集成稳压电源的输出电压是不可调的。　　　　　　　　　　　　　（　　）

6.当输入电压和负载电流变化时,稳压电路的输出电压绝对不变。　　　　（　　）

7.串联型稳压电源中调整管工作在导通放大状态。　　　　　　　　　　　（　　）

8.在整流电路中,整流二极管只有在截止时,才可能发生击穿现象。　　　（　　）

9.整流输出电压加电容滤波后,电压波动性减小,故输出电压也下降。　　（　　）

四、简答题

1.电源在电子设备中起什么作用? 常用的电源有哪些类型?

2.整流电路由哪几部分组成? 各部分的作用是什么?

3.滤波与稳压的关系是什么? 只要一个,取消另一个行吗? 为什么?

4.直流稳压电源的作用是什么? 直流稳压电源由哪几部分构成?

5.画出桥式整流、电容滤波、稳压管稳压的电路原理图。

6.画图说明稳压电路的工作原理,如果电路中限流电阻短路了,会出现什么后果?

7.说明串联型稳压电路的工作原理,写出输出电压的估算式。

8.分别说出固定式和可调式三端集成稳压器的管脚功能。

9.简述桥式整流电路中整流二极管的选择要求。

10.要获得 12 V 的直流电压,应选用何种型号的三端集成稳压器?

11.在开关稳压电源中,元件 L、C、VD 的作用是什么? 简述其工作原理。

12.两只稳定电压分别为 6 V 和 9 V 的三端集成稳压器,能组合成几种稳压值? 各为多少?

五、计算题

1.已知半波整流电路如图 6-35 所示,输入电压为 AC 220 V,变压器变比为 10∶1,$R_L = 10\ \Omega$,试求:

(1)变压器二次电压有效值 U_2;

(2)输出电压平均值 U_o;

(3)负载电流平均值 I_o;

(4)输出电压有效值是否等于输出电压平均值? 若不同,写出输出电压有效值表达式。

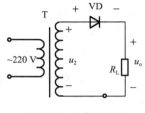

图 6-35　计算题 1 图

2.已知全波整流电路如图 6-39 所示，$U_2 = 8$ V，$R_L = 5$ Ω，试求：

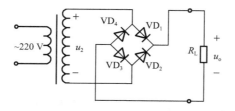

图 6-36　计算题 2 图

（1）输出电压平均值 U_o；

（2）负载电流平均值 I_o；

（3）整流二极管平均电流 $I_{D(AV)}$；

（4）整流二极管承受的最大反向电压 U_{RM}；

（5）若 VD_2 反接、开路、短路，会出现什么情况？

（6）分析桥式整流四个整流二极管中，两个反接、三个反接和四个反接分别会出现什么情况？

3.试比较半波整流和桥式整流电路中整流二极管承受的最大反向电压。加电容滤波后，再求整流二极管承受的最大反向电压。

4.试设计一个输出电压 12 V，输出电流 0.5 A 的稳压电路，并画出电路图。

5.试设计一个输出电压 ±5 V，输出电流 0.5 A 的稳压电路，并画出电路图。

Multisim 10 使用指南 第7章

7.1 Multisim 10 的操作界面设置

Multisim 10 的启动画面如图 7-1 所示，Multisim 10 的操作界面如图 7-2 所示，Multisim 10 的电路符号采用的是北美（ANSI）标准，而非我国国家规范，为了展示 Multisim 10 软件的原貌，故未对软件中的元器件符号进行改动。

图 7-1　Multisim 10 的启动画面

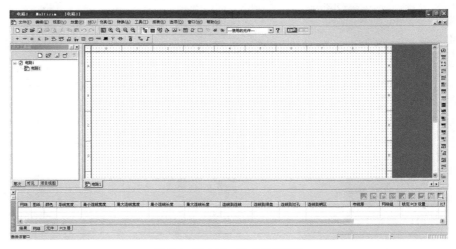

图 7-2　Multisim 10 的操作界面

Multisim 10 的主窗口包括以下几部分：

一、主菜单栏

主菜单栏位于操作界面的第二行，提供了文件【File】、编辑【Edit】、视图【View】、放置
【Place】、单片机【MCU】、仿真【Simulate】、转换【Transfer】、工具【Tools】、报表【Reports】、
选项【Options】、窗口【Windows】和帮助【Help】等功能。

（1）文件【File】菜单如图 7-3 所示，其功能示于右侧。可以看出文件菜单的作用与一
般 Windows 应用程序类似。

图 7-3　文件菜单

（2）编辑【Edit】菜单如图 7-4 所示，其作用也与一般 Windows 应用程序类似。

图 7-4　编辑菜单

151

(3)视图【View】菜单如图 7-5 所示,用于工作窗、电子表格、栅格、设计管理器等的显示和控制。

图 7-5　视图菜单

(4)放置【Place】菜单如图 7-6 所示,主要用于创建电路图过程中的各种操作。

图 7-6　放置菜单

(5)仿真【Simulate】菜单如图 7-7 所示,主要用于仿真仪器的添加、仿真类型的选择和控制等。

图 7-7　仿真菜单

（6）转换【Transfer】菜单如图 7-8 所示，是专用于印制板（PCB）设计的信息转移和输出控制菜单。

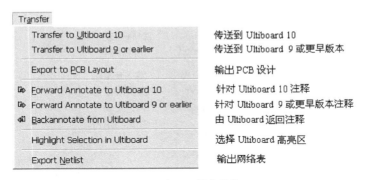

图 7-8　转换菜单

（7）工具【Tools】菜单如图 7-9 所示，是电路设计工作中经常用到的各种元器件符号命名、参数编辑、特征说明编辑、电气法则测试、网站链接等多种专用工具调用菜单。

图 7-9　工具菜单

（8）报表【Reports】菜单如图 7-10 所示，是用于产生各种专项报表的菜单。

图 7-10　报表菜单

（9）选项【Options】菜单如图 7-11 所示，用于工作界面的定制（例如电路的显示颜色、页面大小、符号标准）和功能限制等。

图 7-11　选项菜单

（10）窗口【Window】菜单如图 7-12 所示，用于窗口的新建、层叠或排列方式的选定、窗口关闭等。

图 7-12　窗口菜单

（11）帮助【Help】菜单如图 7-13 所示，有 Multisim 10 文件及元器件的帮助信息。

图 7-13　帮助菜单

二、工具栏

工具栏位于操作界面的第三行，它将菜单栏中的部分功能表示成图形标志，便于操作。如图 7-14 所示，工具栏的功能略。

图 7-14　工具栏

三、元器件库栏

Multisim 10 操作界面的第四行为元器件库栏，以元器件库按钮形式提供了常用的大量仿真元器件。其元器件库按钮含义如图 7-15 所示。

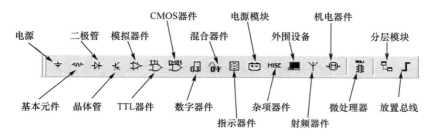

图 7-15　元器件库按钮含义

元器件主要类型如下：

（1）电源库：主要是各种交、直流电源（电压源、电流源、控制电压模块、受控电压源、受控电流源）。

（2）基本元件库：主要有电阻、电容、电感、开关、变压器、连接接头、继电器、插座、电位器等。

（3）二极管库：主要包括二极管、稳压管、发光二极管、整流桥、晶闸管、变容二极管等。

（4）晶体管库：包括有各种类型的三极管、场效应管。

（5）模拟器件库：主要有运算放大器、比较器、宽频运算放大器、特殊性能运算放大器。

（6）TTL 器件库：提供有 74 系列数字集成电路。

（7）CMOS 器件库：主要有与门、或门、非门、与非门、或非门、三态门等。

（8）数字器件库：主要有 TIL 系列元件、DSP 系列元件、FPGA 系列元件、CPLD 系列元件、VHDL 系列元件、微处理器、记忆存储器、线性驱动器、线性接收器等。

（9）混合器件库：主要有数模转换、模数转换、555 定时器、模拟开关、多谐振荡器等。

（10）指示器件库：主要有电流表、电压表、数码显示器、指示灯、蜂鸣器、虚拟灯泡等。

（11）电源模块库：主要有保险丝、三端稳压器、多功能电源、脉宽调制器等。

（12）杂项器件库：主要有光耦合器件、晶振、电子管、开关电源转换器、传输线、滤波器、网络、其他元件等。

（13）外围设备库：键盘、液晶显示器、终端设备等。

（14）射频器件库：主要有射频电容、射频电感、射频三极管、射频 MOSFET 管、带状传输线、铁氧体磁环等。

（15）机电器件库：主要有感测开关、瞬时开关、触点开关、线圈和继电器、线性变压器、保护装置、输出装置等。

（16）微处理器库：主要有 8051 单片机、PIC 单片机、随机存储器、只读存储器等。

四、虚拟仪器、仪表工具栏

电子仿真软件 Multisim 10 的虚拟仪器、仪表工具栏中共有虚拟仪器、仪表十八台、电流检测探针一个、四种 LabVIEW 采样仪器和动态测量探针一个，如图 7-16 所示。

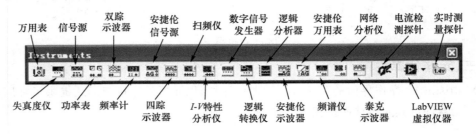

图 7-16　虚拟仪器、仪表工具栏

电子仿真软件 Multisim 10 的虚拟仪器、仪表工具栏中除了有一般电子实验室中常用的测量仪器之外，还有四台安捷伦高档测量仪器，它们分别是：$6\frac{1}{2}$ 位高性能数字万用表 Agilent34401A；带宽达 100 MHz，具有两个模拟通道和十六个逻辑通道的高性能数字示波器 Agilent54622D；一台宽频带、多用途、高性能的函数信号发生器 Agilent33120A；一台美国"泰克"公司的高性能四通道数字存储示波器 TDS2040 等。这四台高性能虚拟测量仪器,不仅功能齐全、用途广泛,而且它们的面板结构、旋钮操作完全与真实仪器一模一样。

除了以上介绍的虚拟仪器之外,还有几台用于数字电路实验的、一般实验室也不太可能配备的仪器,它们分别是:四踪示波器、字信号发生器、逻辑分析仪和逻辑转换仪。

7.2 常用虚拟仪器的使用

一、电压表和电流表

从指示器件库中,选择电压表或电流表,如图 7-17 所示,用鼠标拖拽到电路工作区中,通过旋转操作可以改变其引出线的方向。双击电压表或电流表可以在弹出对话框中设置工作参数。电压表和电流表可以多次选用。

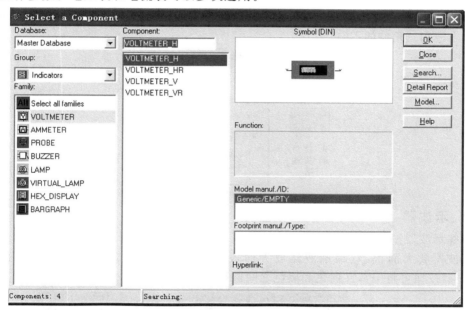

图 7-17 选择电压表或电流表

二、数字万用表

数字万用表的量程可以自动调整,图标和面板如图 7-18 所示。其电压、电流挡的内阻、电阻挡和分贝挡的标准电压值都可以任意设置。从打开的面板上选 Set 按钮可以设置其参数,万用表设置对话框如图 7-19 所示。

图 7-18 数字万用表图标和面板

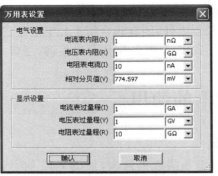

图 7-19　万用表设置对话框

三、函数信号发生器

函数信号发生器可以产生正弦波、三角波和方波信号,其图标和面板如图 7-20 所示。可调节方波和三角波的占空比。

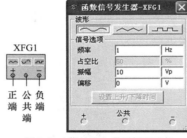

图 7-20　信号发生器图标和面板

四、示波器

双踪示波器图标和面板如图 7-21 所示。双击双踪示波器图标"XSC1",将会弹出双踪示波器放大面板,双踪示波器放大面板默认为黑色屏幕。通过单击屏幕右下角"Reverse"按钮可将屏幕在白色和黑色之间进行切换。

图 7-21　双踪示波器图标和面板

(1)时间轴——时基设置

比例:选择 X 轴每一刻度值代表的时间。

X 位置:X 轴位移。

Y/T:表示 Y 轴显示 A、B 通道的输入信号,X 轴显示时间。

加载:表示 Y 轴显示 A、B 通道的输入信号之和,X 轴显示时间。

B/A:表示 Y 轴显示 B 通道的输入信号,X 轴显示 A 通道的输入信号。

A/B:表示 Y 轴显示 A 通道的输入信号,X 轴显示 B 通道的输入信号。

(2)通道 A:设置 Y 轴方向 A 通道信号标度。

比例:选择 Y 轴方向 A 通道信号每一刻度值代表的电压。

Y 位置:Y 轴位移。

AC:表示仅显示输入信号中交流分量。

0:表示将输入信号短路。

DC:表示将输入信号的交直流分量全部显示。

通道 B 的设置与通道 A 的设置相同。

(3)触发:触发控制,其设置如图 7-22 所示。

图 7-22 触发设置

边沿:上(下)沿触发。

电平:设定触发电平。

类型:选择触发信号类型:单脉冲触发、一般脉冲触发、自动触发、没有触发脉冲。

(4)波形参数测量

波形参数测量如图 7-23 所示,将鼠标左键箭头移到虚拟双踪示波器放大面板屏幕的左上角,按住读数指针"T1"的红色小三角将其拉到如图 7-23 所示波形的峰顶位置,拉动过程中屏幕下方相关数据会跟着变化。再将屏幕的右上角读数指针"T2"的蓝色小三角拉到如图 7-23 所示波形的峰底位置。

图 7-23 所示的屏幕下方 T1 行右侧的"通道 A"下方显示的数据"9.997 V"就是"通道 A"在 24.621 ms 时,输入波形的数值,且设置幅值为 5 V/Div,表示每格 5 V。T2 行右侧的"通道 A"下方显示的数据"−9.997 V"就是"通道 A"在 24.621 ms 时输入波形的数值。T2-T1 右侧的"通道 A"下方显示的数据"−19.994 V"就是"通道 A"相隔 20.000 ms 输入波形的差值。

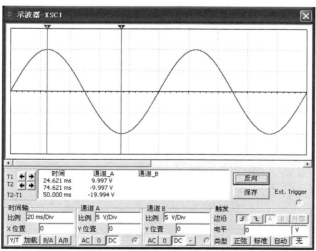

图 7-23 波形参数测量

7.3 基本界面设置

在进行仿真实验以前,需要对电子仿真软件 Multisim 10 的基本界面进行一些必要的设置,目的是为了更加方便地在电子平台窗口上调用元器件和绘制仿真电路图。设置完成后,可以将设置内容保存起来,以后再次打开软件时可以不必再进行设置。

基本界面设置是通过主菜单【Options】的下拉菜单进行的。

1.单击主菜单【Options/Global Preferences…】将打开设置对话框如图 7-24 所示,有 Paths、Save、Parts、General 四个标签页,默认打开的是 Parts 标签页。

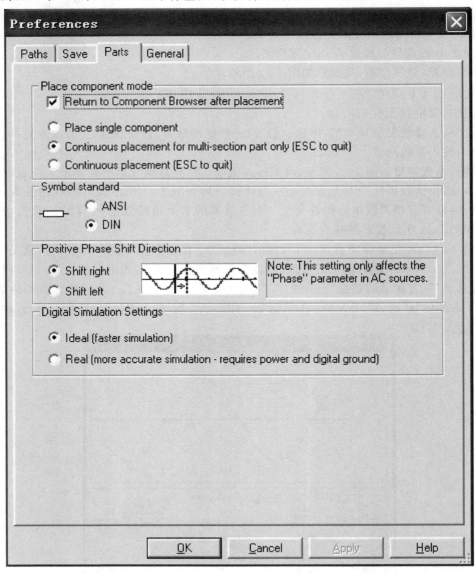

图 7-24 设置对话框

（1）Parts 标签页

Parts 标签页中有以下四栏内容。

【Place component mode】栏，是关于放置元件方式的设置，建议单选【Continuous placement［ESC to quit］】项，即可以连续放置所选元件。【Symbol standard】栏是关于选择元件符号模式的设置，建议选择【DIN】项，即选取欧洲标准模式（因为我国元件符号与欧洲标准模式相似）。【Positive Phase Shift Direction】变换交流信号源的真实相位和【Digital Simulation Settings】数字模拟设置都采用默认设置。

以上两项设置完成后，先单击对话框下方的【Apply】按钮，再单击【OK】按钮退出。

（2）Paths 标签页

Paths 标签页用于预置的文件存取路径。有【Circuit default path】电路默认路径、【User button images path】用户按钮图像路径、【User settings】用户设定路径、【Database Files】数据库文档路径等四栏。

（3）Save 标签页

Save 标签页，设置备份功能。有【Create a"Security"Copy】创建一个安全备份、【Auto backup】自动存盘时间间隔设定、【Save simulation data with instruments】仿真数据最大保存量设定等三项。

（4）General 标签页

General 标签页为通常的设置。有【Selection Rectangle】选择矩形、【Mouse wheel Behaviour】鼠标滚轮作用、【Wire】自动接线方式等三项。全选即可。

2.单击主菜单【Options/Sheet Properties…】将打开如图 7-25 所示的电路图属性设置对话框，默认打开【Circuit】标签页。用户可以根据自己的喜好对各种参数进行设置选择。

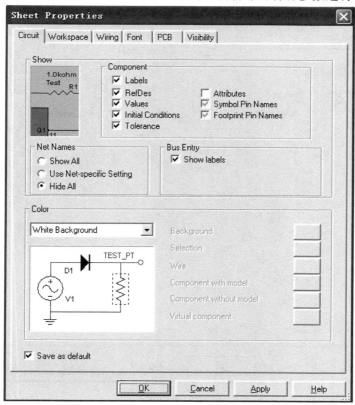

图 7-25　电路图属性设置对话框

（1）Circuit 标签页

Circuit 标签页又分【Show】和【Color】两个选项区。【Show】选项区可设置元件及连线上所要显示的文字项目等,【Color】选项区可设置编辑窗口内的元器件、引线及背景的颜色。

将【Net Names】栏下默认的【Show All】项改选为【Hide All】,这样可以暂时隐藏电路节点编号,绘制的仿真电路比较简洁。当需要对电路进行分析时,要给电路节点加注编号,再将该选项设置成【Show All】。在该标签页中,只对这一点进行设置,其他栏内容均采用默认设置。

（2）Workspace 标签页

Workspace 标签页是对电路窗口显示的图样的设置。单击对话框上方【Workspace】的标签页,如图 7-26 所示,单击【Sheet size】栏下拉箭头,选取尺寸图纸,使绘制仿真电路图纸足够大。

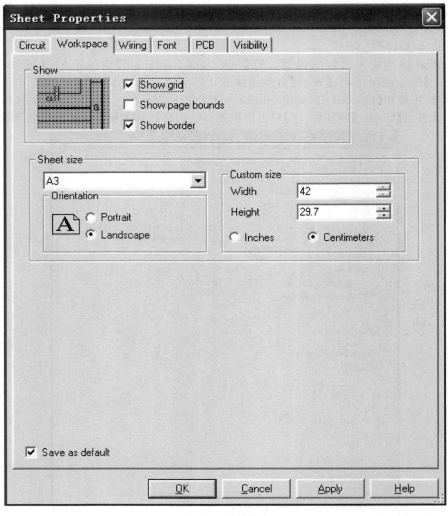

图 7-26　图样设置

以上两标签页都设置完成后,取消选中的对话框左下角【Save as default】复选框,然后单击对话框下方的【Apply】按钮,再单击【OK】按钮退出。

对于初学者,完成以上设置就可以了,至于其他设置在对 Multisim 10 软件有了一定基础后,可参阅相关书籍进行学习。

7.4 创建仿真电路图

Multisim 10 中的元器件种类繁多,有现实元件(采用实际元件模型),也有虚拟元件(采用理想元件模型)。开发新产品必须使用现实元件;设计验证新电路原理,采用虚拟元件较好。不同类型的元件存放于不同的元器件库中,提取的路径自然也不同,但操作方法是一样的。

一、元器件操作

元器件选用:打开元器件库,移动鼠标到需要的元器件图形上,按下左键,将元器件符号拖拽到工作区。

元器件的移动:用鼠标拖拽。

元器件的旋转、反转、复制和删除:用鼠标单击元器件符号选定,用相应的菜单、工具栏,或单击右键激活弹出菜单,选定需要的动作。

元器件参数设置:选定该元器件,从右键弹出菜单中选择【Properties】命令,以设定元器件的标签【Label】、编号【RefDes】、数值【Value】和故障【Fault】等特性。

元器件各种特性参数的设置也可通过双击元器件弹出的对话框进行;编号【RefDes】通常由系统自动分配。必要时可以修改,但必须保证编号的唯一性;故障【Fault】选项可供人为设置元器件的隐含故障,包括开路【Open】、短路【Short】、漏电【Leakage】、无故障【None】等设置。

二、导线的操作

主要包括:导线的连接、弯曲导线的调整、导线颜色的改变及连接点的使用。

连接:鼠标指向某一元件的端点,出现小圆点后,按下左键并拖拽导线到另一个元件的端点,出现小圆点后松开鼠标左键。

删除和改动:选定该导线,单击鼠标右键,在弹出菜单中选【Delete】命令。或者按键盘上的【Delete】键。

三、创建电路实例

(1)调用元件

要创建如图 7-27 所示的全波整流电路,需调用四个二极管、一个电阻、一个电解电容、一个交流电压源、一个接地符号及一个变压器。调用元件的方法如下:

用鼠标左键单击要调用元件所在器件栏如图 7-15 所示,弹出该栏的元器件库。将光标移动到所需的元件上,按住鼠标的左键将元件直接拖到工作窗口合适的位置放掉,即完成元件的调用。

按上述方法,可在不同的元器件库中依次调出电路所需的二极管、电阻、电容、电源、变压器及接地符号等,如图 7-28 所示。

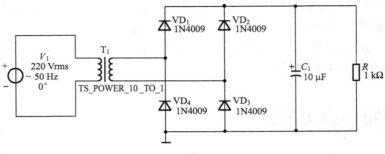

图 7-27　全波整流电路

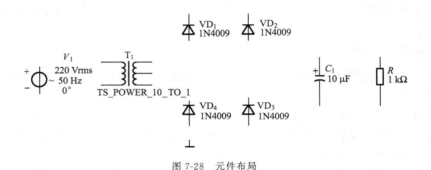

图 7-28　元件布局

（2）设置元器件标号和参数

在 Multisim 10 中每个元器件都有一个固定的标号和参数，现以电阻为例说明如何将其标号设置为 R ，阻值设置为 1 kΩ。

双击电阻符号，弹出元件特性对话框设置如图 7-29 所示。

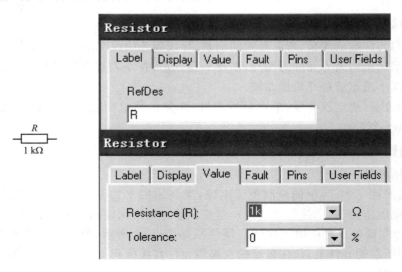

图 7-29　元件特性对话框设置

其他元件按类似的方法进行设定标号和参数。

（3）完成元件间的连线

元件的布局和设置结束后就可以进行线路的连接了。方法是：将光标移到一个元件的管脚上，按住鼠标左键拖动一条线连接到另一个元件的端点上或另一条线段上，松开鼠标，连线结束。

7.5 仪器连接与仿真测试

一、仪器的连接方法

要把交流电压源、虚拟示波器、虚拟万用表连接到电路中并进行测量。方法是：用鼠标单击仪器栏中的仪器图表，从中找到万用表和示波器，用鼠标拖拽至工作窗口中的合适位置。仪器有若干端子，示波器的 B 通道连接到整流电路的输出端，示波器的 A 通道连接到交流电压源的一端。如图 7-30 所示为连接后的电路图。

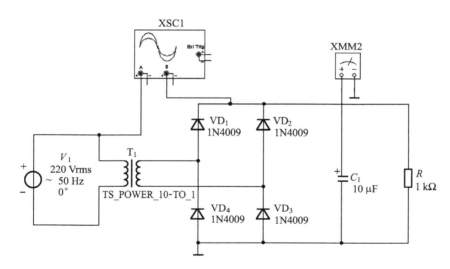

图 7-30　仪器与仿真电路连接

二、仿真测试

（1）交流电压源的设置步骤如下：双击工作窗口的交流电压源图标，显示出面板图。设置如图 7-31 所示。

（2）示波器的设置和测试波形如图 7-32 所示。

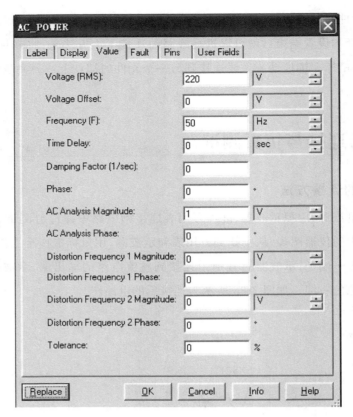

图 7-31　交流电压源设置

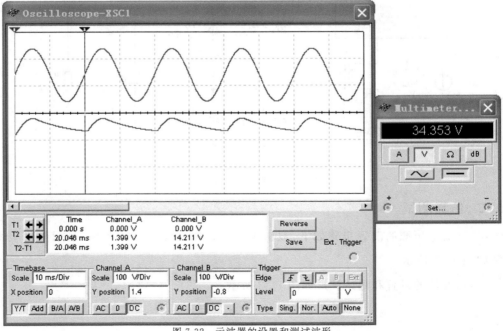

图 7-32　示波器的设置和测试波形

部分习题参考答案

第1章　常用半导体器件

一、填空题

1.硅　锗　2.0.1 V　0.5 V　3.导通　截止　4.大　大　小　5.正向　反向
6.反向　反向　零　7.e　c　b　8.b　e　c　PNP　锗　9.反向击穿　限流
10.正向　11.反向

二、问答题

1.(a)＋6 V　(b)－3 V　(c)0　(d)＋4 V

2.略　3.略

4.(1)P 沟道耗尽型绝缘栅场效应管。

　(2)夹断电压＋4 V。

　(3)－8 mA。

5.(a)＋16 V　(b)＋10 V　(c)＋6 V

第2章　基本放大电路

一、选择题

1.C　2.B　3.C　4.C　5.D　6.A　7.B　8.C　9.C

二、是非题

1.×　2.√　3.×　4.×　5.√　6.×　7.×

三、计算题

1.(1)$I_{BQ}＝20\ \mu A$　$I_{CQ}＝1\ mA$　$U_{CEQ}＝4.3\ A$

(2)$A_u＝-94.3$　$R_i＝1.1\ k\Omega$　$R_o＝5\ k\Omega$

2.(1)$I_{BQ}＝40\ \mu A$　$I_{CQ}＝2.06\ mA$　$U_{CEQ}＝4.58\ V$

(2)$A_u＝-8.25$　$R_i＝0.8\ k\Omega$　$R_o＝2\ k\Omega$

第3章　集成运算放大器

一、选择题

1.B　2.A　3.D　4.C　5.D　6.B

二、分析计算题

1.$u_o＝u_{o1}＝8u_i＝800\ mV$

2.(1)A_1 为电压并联负反馈;A_2 为电压串联负反馈;

(2)$u_o＝-\left(1+\dfrac{R_4}{R_3}\right)\dfrac{R_2}{R_1}\dfrac{R_6}{R_5+R_6}u_i$

3.(1)－4 V　(2)－8 V　(3)－15 V

4.(1)正反馈。

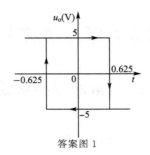

（2）如答案图 1 所示。

答案图 1

（3）如答案图 2 所示。

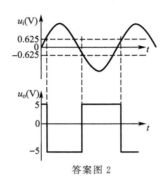

答案图 2

5.（1）电路为反相比例放大器。电路如图 3-11 所示；$R_1 = \dfrac{50}{3}$ kΩ。

（2）电路为同相比例放大器。电路如图 3-13 所示。

（3）电路为反相加法器。电路如答案图 3-46 所示。

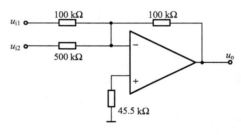

答案图 3-46

（4）电路如答案图 3-47 所示。

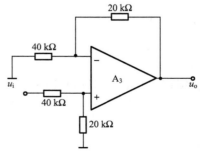

答案图 3-47

（5）差动输入放大器。电路如答案图 3-48 所示。

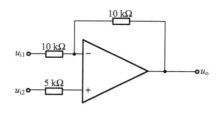

答案图 3-48

（6）反相积分器。电路如图 3-20 所示。

电容 $C = 0.1\ \mu F$ $R = 50\ k\Omega$

（7）反相积分求和电路。电路如答案图 3-49 所示。

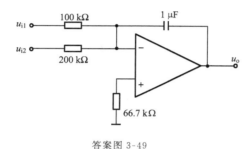

答案图 3-49

6.$u_o = 1.4\ V$

7.$u_o = -(1.25u_{i1} + 2u_{i2}) + 5.8u_{i3} + 4.64\ u_{i4}$

8.$u_{o1} = -2.5(u_{i1} + u_{i2})$；$u_o = -10u_{i3} + 2.5(u_{i1} + u_{i2})$

第 4 章　　波形发生电路

一、选择题

1.C　2.A　3.A　4.C　5.A　6.C　7.B　8.C　9.B

二、分析题

不可能振荡的有：(a)、(b)、(c)、(e)；

可能振荡的有：(d) 电感三点式、(f) 电容三点式。

三、计算题

1.(1) 图略，改进型电容三点式振荡器，方便频率调节；

　(2) 频率决定于 LC。

2.(1) 图略，电容三点式，晶振作电感 L 用；

　(2) 图略，电容三点式，晶振作电阻 R 用。

第 5 章　　低频功率放大电路

一、判断题

1.√　2.×　3.×　4.√　5.×

二、选择填空

1.A　2.A;B;C　3.A;C;C　4.C　5.A　6.D

三、分析计算

1.(1) 甲乙类 OCL 功放电路　(2)－50　(3)5.1 W　(4)1W　(5)71％

2.(1)4 W　(2)17 V　(3)3.125 W

3.略

第 6 章　　直流稳压电源

一、填空题

1.180°、$0.45U_2$　2.大　3.开机瞬间、导通角　4.反向击穿区、电流、电压　5.开关、60％～80％　6.散热片、大容量的电解电容器

二、选择题

1.B　2.B　3.C　4.C　5.A　6.B　7.C　8.A　9.C

四、简答题(略)

三、是非题

1.√　2.×　3.×　4.√　5.×　6.×　7.√　8.×　9.×

五、计算题

1.(1)22 V　(2)9.9 V　(3)0.99 A　(4)$0.45U_2$

2.(1)7.2 V　(2)1.44 A　(3)0.72 A　(4)11.3 V

3. 半波整流:$\sqrt{2}U_2$、$2\sqrt{2}U_2$;桥式整流:$\sqrt{2}U_2$、$\sqrt{2}U_2$。

4. 7812 ,U_2 输入电压范围为 15～18 V。

5. 7805 和 7809 ,U_2 输入电压范围为 12～15 V。

参 考 文 献

［1］童诗白,华成英.模拟电子技术基础［M］.5 版.北京:高等教育出版社,2015.

［2］黄培根.Multisim 10 虚拟仿真和业余制版实用技术［M］.北京:电子工业出版社, 2008.

［3］蒋从根.电子技术(基础篇)［M］.3 版.大连:大连理工出版社,2016.

［4］易培林.电子技术与应用［M］.北京:人民邮电出版社,2008.

［5］苏莉萍.电子技术基础［M］.4 版.西安:西安电子科技大学出版社,2017.

［6］李雅轩.模拟电子技术［M］.4 版.西安:西安电子科技大学出版社,2018.

［7］周雪.模拟电子技术［M］.4 版.西安:西安电子科技大学出版社,2017.

［8］刘吉来.模拟电子技术［M］.3 版.北京:机械工业出版社,2016.

［9］华永平、陈松.电子线路课程设计［M］.南京:东南大学出版社,2002.

［10］赵春华、张学军.电子技术基础仿真实验［M］.北京:机械工业出版社,2007.